伊恩·斯图尔特 数学游戏全集

Knots and the Cows in the Maze

绳结与迷宫中的奶牛

Cows in the Maze:
And Other Mathematical Explorations

【英】伊恩·斯图尔特 ◎ 著
谈祥柏 谈 欣 ◎ 译

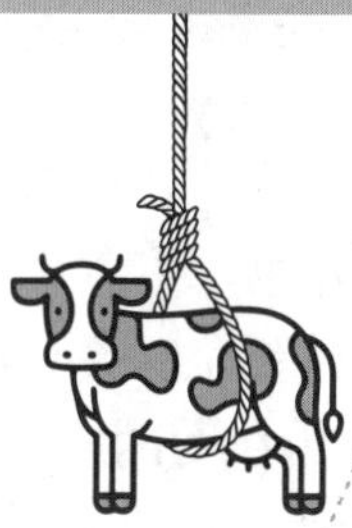

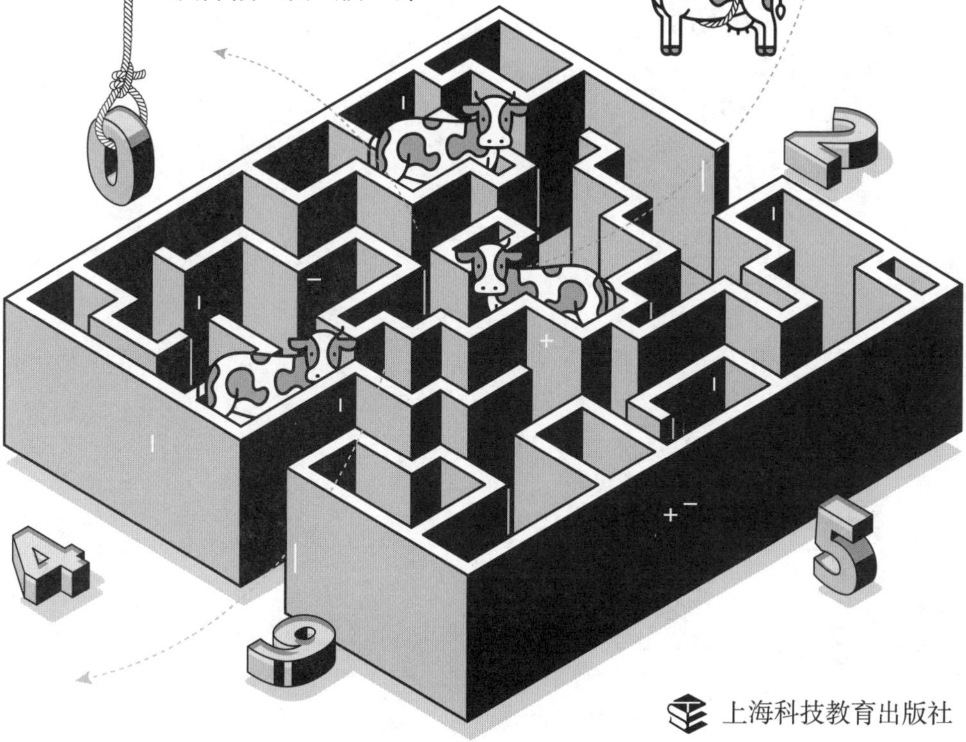

上海科技教育出版社

图书在版编目(CIP)数据

绳结与迷宫中的奶牛 /(英)伊恩·斯图尔特著;谈祥柏,谈欣译. -- 上海:上海科技教育出版社,2025.6. -- (数学桥丛书). -- ISBN 978-7-5428-8408-4

Ⅰ. O1-49

中国国家版本馆CIP数据核字第2025MH5399号

责任编辑　李　凌　卢　源
封面设计　戚亮轩

数学桥丛书

伊恩·斯图尔特数学游戏全集

绳结与迷宫中的奶牛

[英]伊恩·斯图尔特　著
谈祥柏　谈　欣　译

出版发行	上海科技教育出版社有限公司
	(上海市闵行区号景路159弄A座8楼　邮政编码201101)
网　　址	www.sste.com　　www.ewen.co
经　　销	各地新华书店
印　　刷	上海中华印刷有限公司
开　　本	720×1000　1/16
印　　张	12
版　　次	2025年6月第1版
印　　次	2025年6月第1次印刷
书　　号	ISBN 978-7-5428-8408-4/N·1256
图　　字	09-2021-0934号
定　　价	48.00元

致　谢

感谢以下公司与个人，同意本书作者使用其图片

图1.5　达维德哈齐（Andrew Davidhazy）

图6.4　SSPL科学博物馆

图7.1　《自然》杂志及卡伦（Jonathan Callan）

图7.5　斯隆数字巡天（Sloan Digital Sky Survey）

图7.6　美国宇航局（NASA）

前　言

奶牛回来了。

如果你对这一游戏很生疏，或者以前从未关注过，那么我得告诉你，牛津大学出版社出版的《迷宫中的奶牛》①是我在《科学美国人》(Scientific American)杂志及其法文版《为了科学》(Pour La Science)上发表的"数学游戏"专栏文章的第三本集子。法文版历来有它自己的专门文章，一个时期以来我每年为美国版写6篇，为法文版写另外6篇。另两本更早的集子是由其他出版社发行的。

是的，那些奶牛令我念念不忘。

在我们准备出牛津大学出版社的第一本集子《数学嘉年华》②时，编辑们打算为每一章提供一幅漫画，使本书看起来更为悦目，封面自然更不例外。在与一批天才漫画家打交道后，他们决定敦请盖莱尔(Spike Gerrell)出手。书中有一章名叫"数数太阳底下的牛"，是一个复杂得要命的谜题，其答

---

① 本书中文版将原作一拆为二，即本系列的《多边形与时间困境》《绳结与迷宫中的奶牛》。
——译者注

② 本书中文版将原作一拆为二，即本系列的《搬桌子与大富翁游戏》《点格棋与海盗困境》。
——译者注

案竟有206 545位之多,到了1880年才第一次得到。有理由相信,即使阿基米德本人也未必会想到它竟然**如此**可怕……但你们永远不可能告诉阿基米德了。

不过,盖莱尔受奶牛这个题目的启示,画出了一些特别可爱的奶牛。在书的封面上,有一头奶牛正在跳向月球,有三头奶牛被布条蒙住了眼睛——啊,实际上是一些眼罩。倘若你看一下书脊,你将会看到,角落里有头奶牛正在偷偷地窥视着你。

在第二本集子《如何切蛋糕》[①]里,奶牛不见了,盖莱尔画了几匹国际象棋棋盘上的马、被一根电话线缠住的猫——它与物理大师薛定谔无关,同任何量子力学也不沾边——还有一只发呆的兔子。不用奶牛作题材显然有失公允,为了弥补这个缺陷,我们打算再出一本集子,在可能的选题中,有一个名叫《迷宫中的奶牛》。后来大家果断拍板,倒也使我们省掉了另拟一个书名的麻烦。

看了书名之后,你也许会认为数学是一个相当严肃的行当,一群奶牛在迷宫里横冲直撞,旁观者则是一帮建造迷宫或拆毁它的工程

[①] 本书中文版将原作一拆为二,即本系列的《切蛋糕与无尽的棋局》《萤火虫与复活洗牌法》。——译者注

师,这样的题材似乎缺了点**吸引力**。但我已经说过多次,"严肃"不等于凛然不可侵犯。数学确实是一种严肃的职业:没有数学,我们的文明就不可能运行——在这方面,大家已经达成共识。数学对许多人来说是很陌生的,但对于希望了解它的人又是相当容易的。数学的面孔太过刻板,有必要让它稍微放松一下。人们不必对小数点、分数、平行四边形……泥古不化,斤斤计较(目前情况是否有所好转呢?)。数学里的伟大秘密,本可以使整个题材更为有趣,现在却被我们掩盖得不明显了。

需要强调一下趣味的重要性。

即使是严肃的材料也可以是有趣的,尽管它曲高和寡,要通过一种严肃的途径,但几乎任何事物都挫败不了那种神奇的感觉:当你头脑里的小电灯泡突然点亮时,你将猛然**醒悟**究竟是什么东西在使数学像钟表那样滴答滴答地转个不停。数学研究——当我不写书时,它是我的主要工作——其中有99%是徒劳无功的,好像是把你的头撞击砖墙,但只要有1%的"顿悟",你就会突然开窍,原来一切都是如此简单,而你却被蒙在鼓里,笨得不可救药。灵光闪现!脑子里的小电灯泡亮了,你摆脱了那种愚笨的感慨,而99.99%的人都不能理解这个问题,更别提得到答案了。一旦你理解了它,数学永远是容易的。

我之所以能成为一位数学家,重要原因之一是《科学美国人》杂志上逐月连载的"数学游戏"专栏文章,执笔者就是那位独一无二的加德纳(Martin Gardner)先生。加德纳不是一位数学家,但把他称为一个撰稿人又实在太局限了。他是一位作家,兴趣十分广泛,其中包括趣题、魔术(适合于舞台表演)、哲学,乃至揭露伪科学的种种丑恶。他**不是**一位数学家,这反倒使"数学游戏"专栏写出了特色。对于一些有趣的、神奇的以及重大的事情,他有着一种不可思议的本能。他的角色无法复制,而我也从未有过这种尝试。正是加德纳使我懂得,数学着实要比我在学校里接触过的任何事物更加广阔,更加富饶。

我倒不是在责怪中、小学校的数学课。我有过一些很优秀的老师,其中一位名叫雷德福(Gordon Radford),他花费了大量业余时间来教我和我的几位朋友,课程内容同我在加德纳那里学来的基本一样。在课本之外,还有一大批数学知识需要学习。学校教授我的只是技术,加德纳传授我的才是**激情**。奥伦肖夫人(Dame Kathleen Ollerenshaw,她是英国真正伟大的数学教师之一)在她的自传《漫谈许多往事》(*To Talk of Many Things*)中讲述了当年在学校任教时的一桩小事,后悔自己错过了发现一些数学新知识的机会。她的一位学生提出了不同看法:这种情况已经太多了,何必再为之操心?我是站在奥伦肖夫人一边的,在本书中,有一章讲到了夫人的愿望已经实现①,尽管她的职业生涯主要致力于教育事业与地方政府的工作。当时她已经是82岁高龄,如今又已过去了十年。

这本书可以按照任何顺序来阅读:每一章都是独立的,不论哪一章节使你烦恼,你都可以把它跳过去。(这里还有另一个重大的数学秘密,幸而我在年轻时就早已熟悉:不要死板拘泥于艰难的细节,无论如何都要披荆斩棘,奋勇前进。最初总是透露微光,随后破晓,即使不是这样,你仍然可以随时返回再试。)唯一的例外是一气呵成的3章(原先是两篇专栏文章,由于其中的一篇所占篇幅较多,我把它一分为二了),讲的内容是时间旅行的数学②。

书中的课题很分散——它不是一本教科书,而是祝贺数学研究与发现取得成果的欢乐颂歌。有些章节是用讲故事的形式来叙述的,另一些则是平铺直叙。当我在杂志上的篇幅由3页削减到2页时,我不得不停止了用故事形式来写专栏文章的做法。但法国人还是继续纵容我,听任我按自己的风格写文章,在没有为美国版写稿的月份为他们写上一篇,直到美国人让我每月提供一篇稿件时为止。除了奶牛这篇

---

① 请参阅本书的第9章。——译者注
② 请参阅本系列的《多边形与时间困境》的第7到第9章。——译者注

奇文之外,有眼力的读者还能找到题材丰富多彩的、真正的数学内容,它们分散在本书各个章节之中:数论、几何、拓扑学、概率……,以及应用数学的若干领域,其中包括流体力学、数学物理乃至动物的行走。

与读者之间的通信交流使专栏文章得益匪浅。对各个专题来说,读者们提供了将近一半的观念与想法。我们开辟了一个"反馈信息"栏目,在大部分章节里包含了读者们的建议。在让这些建议跟上时代、改正错误与排除模棱两可等缺点的同时,我力图保持它们的原汁原味,不要走样。

我要深深感谢我的编辑梅农(Latha Menon)以及被他说服的牛津大学出版社的其他编辑,他们同意并支持我同盖莱尔的奶牛们一起嬉戏玩耍,蹦蹦跳跳。我也要感谢盖莱尔,他设计了本书原著极具特色的、用奶牛作为主要装饰的封面。我还要向布朗热(Philippe Boulanger)致谢,他让我自由地浏览法文版《为了科学》杂志的一些封面,启动了这一切。最后,还要感谢《科学美国人》杂志社,他们帮我实现了童年时代的一个美梦。

伊恩·斯图尔特
2009年9月于考文垂

目　　录

第1章　一滴眼泪的形状 / 1

第2章　审问者的谬误 / 19

第3章　迷宫中的奶牛 / 37

第4章　矩形棋盘上马的遍历路线 / 55

第5章　挑绷子的挑战 / 73

第6章　用玻璃吹制克莱因瓶 / 85

第7章　水泥浇成的各种关系 / 101

第8章　绳结新探，硕果累累 / 113

第9章　最完全幻方 / 125

第10章　它们是不可能做到的 / 143

第11章　同十二面体跳舞 / 157

进阶读物 / 169

第 1 章
一滴眼泪的形状

我们的感觉有时会欺骗我们，这里就有一个很切题的例子。一滴眼泪究竟具有什么形状?当你听到它不是泪滴形时也许不以为奇,但它那妖魔般的复杂性还是会使你大感震惊。

鸟 在枝丫上

枝丫在树枝上

树枝长在树上

树长在地上

周围处处是青草，

处处青草！

吉他手胡乱地拨完了最后一个弦音，歌手们也停下来了。

"感谢上帝，总算完事了，"格尼咕哝着说，"如果我说过一次我已经说过一千次……"

"你已经**说过**一千次了，"迪尔德丽叹口气道，"我们全听到过你说的。"

"'喝醉了的睡鼠'不是一家靠演唱民歌而生意转佳的小酒吧。"

"它是一家小酒吧，"我说，"有着一只温暖如春的火盆，外面下着瓢泼大雨，人们淋得像落汤鸡。我心中自然有数，我的票应该投到哪里去。不管怎么说，你的曲目清单里总算去掉了《哈蒙德的风琴之夜》。即使如此，我仍然不了解你何以要把它呈给女王陛下。我敢肯

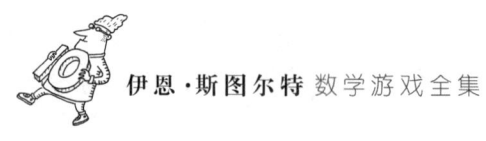

定,《福斯迪克啤酒厂的总管》这一曲已经足够了。"

"我想那是为了攀上顶峰吧,"格尼说,"噢,我的上帝啊,我敢打赌,他们下一曲要演奏的,一定是《乡村会馆》。"

"我喜欢《乡村会馆》,"迪尔德丽说,"我喜爱其中所有的歌曲,它们将启发你用新的眼光去看待事物。"

"噢,那现在就来——"

"不,不过会来的。先请想想那首《鸟在枝丫上》的歌曲……它将使你意识到树木是多么复杂,小小的林木和参天大树有多相像,不过是小一点而已。"

"这就叫自相似性,"我说,"分形几何。就像那首有名的童谣中唱的'大蚤子的身上有小蚤子在爬……'等等,从而就产生了所谓的盆栽艺术。"

他们已经听惯了我那隐有所指的说话方式,因而从树林切换到蚤子的话题并未引起惊惶。"盆栽?它是什么意思?"

"它是一种东方艺术,把小树培育得像大树一样。除非存在着与尺度大小无关的结构,否则是做不到的。"

"我认识一个家伙,曾经一度做过假山盆景。"奥吕说。要了解这件事,我们需要花上几秒钟。

"你的意思是指观赏石吗?"迪尔德丽问道。

"支离破碎的岩石,只要布置得当,看起来确实很像是山。"我说。

"你要晓得,他不光是把一块石头放在碗里而已,"奥吕说,"对假山盆景来说,有一大堆事情要做。他有着全套装备——带喷头的小水龙软管,安装在特殊支座上的风扇,用它们可以调节小气候,制造微型的暴风雨。还有用于小规模照明的火花发生器,使太阳光聚焦的一大堆小镜子,甚至还有一台小型人工降雪机器。"

"真的吗?"迪尔德丽一向对园艺很感兴趣,一些重要器材几乎都被一一点到了。

"一点不假,但他不得不停了下来。"

"为什么?"

"石头上长满了绿色蚜虫,甚至滑雪板上都有。"迪尔德丽语中带刺地说。

吉他手把他的器材塞进了一只箱子,把它靠墙摆放。"伙计们,时间到了,让我们暂停一下。"话音才落,歌手们朝酒吧的方向散去,转瞬之间都不见了。格尼也跟着走去,几分钟之后,他回来了,面露得意之色,手里拿着两杯一品脱①的正在起泡沫的啤酒,还有一瓶"蓝月亮"。②他拿了一杯啤酒,迪尔德丽抓了另一杯,奥吕奇怪地看了我一眼之后,把"蓝月亮"朝我面前推了过来。

瞧! 看来我的福气不小,有幸品尝最高档的鸡尾酒了,不是吗?我不需要向任何人说对不起。$\frac{3}{4}$杯的伏特加,同等数量的龙舌兰酒,一满杯的蓝色库拉索岛美酒,试味的柠檬汁,上面都浮着冰块——真是太美了。我对他说,下一回我大有可能会到著名的布鲁克林轰炸机酒

---

① 品脱是主要在英、美使用的容量单位。在美国,1干量品脱约为548毫升,1湿量品脱约为577毫升。——译者注

② 这是一种名酒。——译者注

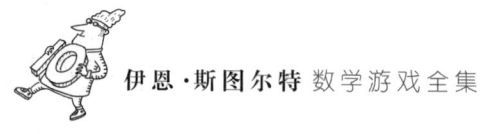

吧去呢。

奥吕扮了个鬼脸，举起他的大杯子，深深地喝了一口，咧着嘴笑个不停。"还是啤酒对胃口。"他将杯子放在面前，正想发话时，忽然听到了很清楚的"嘀嗒"声，我们大家都听见了。奥吕的目光向四周扫视，企图找出声音来自何方。然而，我们又再次听到了它。

"那是你的啤酒。"迪尔德丽说。

"啤酒是不会发出'嘀嗒'声的。"奥吕说。

"可是你的啤酒杯子真的发出怪声了。肯定是雨点从天花板上滴下来了。看来一定是屋顶漏雨了。"

我从未见过奥吕动得如此之快，他抓起玻璃杯，紧握在手，就像是一位母亲在保护她的新生婴儿免遭鬣狗撕咬一般。"冲淡了，"他转弯抹角地解释道，"你觉得我是不是应该为了啤酒掺水而起诉老板？"

"奥吕，只有**两滴**啊。"

"这是个原则问题。"他咕哝道。

"我的原则是尽量不要去伤害礼数周全的老板们，他们不是有意为之。"

我们看到屋顶的雨水继续在往下滴，桌上已经出现一团泥浆，颗粒状的污染水珠向四处飞溅。"我不知道有什么东西会使你如此着迷。"迪尔德丽说。

"我正在试图观察——不，一切都出现得太快了。难怪人人都搞错了。"

"搞错了什么？"

格尼挥舞着他那双短而胖的手,企图使我们平静下来。"迪尔德丽,你不是说过,民歌能帮助你用新眼光去看待日常生活中的事物吗?雨滴,或泪滴……让我来问你一个问题。泪滴是什么形状的?"

她思考了一会儿,答道:"那还用说,当然是泪滴形啰。"

他递给她一支笔,一张餐巾纸,"请为我画一下。"于是她画了一个图形,有点像蝌蚪,头部相当浑圆,向上去收得越来越尖,最后的尾部变成了一点(见图1.1)。奥吕看了它一下:"为什么你认为它是这种形状呢?"

"啊,它看起来就像是这样的呗。经典的'泪滴形'。"

"你肯定吗?"正说时,另一个雨滴落到桌子上。"在它落下来时,你曾看到过吗?"

"啊,没有看到过。它运动得太快了。但是,雨滴的形状每个人都是这样画的。"奥吕点了点头,没有说什么。

"你的意思是,人人都把它画错了?"

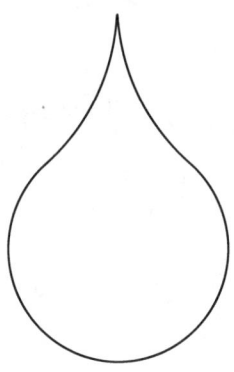

图1.1 经典的"泪滴"形,但它真的如此吗?

"我现在不作评论。"

"当水滴从水龙头里落下来时,挂下来的水会逐渐膨胀鼓起,然后它的一部分又被拉开,从而使你看到一个水滴脱离之前所形成的尖锐尾部。"

"把这种情况也画下来。"她于是也照做不误(见图1.2)。

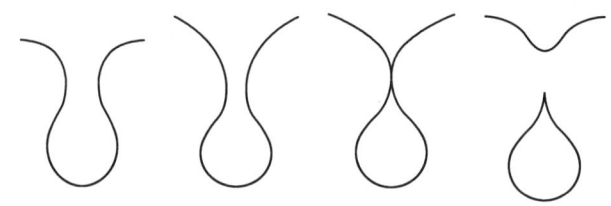

图1.2　离开龙头的水滴是这样的吗?

"嗯……你认为水滴下落时保持了它的尖尾形式。"

"是的。"

"然而,水龙头里挂下来的水却变圆了?"

"是的。那是由于表面张力。"

"那么,为什么表面张力没有使下落水滴的尾部也变圆呢?"

"效果不明显,被拖了后腿,原因是水滴在运动。"

"你能肯定吗?"

迪尔德丽停了下来,噘起嘴思考一会儿后摇了摇头,"不,那是没有意义的,尾部同样应该变圆,落下来的水滴基本上应该接近球状。由于空气阻力的原因,也许会变得略为扁平一些。"

奥吕点了点头,"不过,兴许还会振荡。那么,你认为实际图形应当是这样的啰?"他随手一画,画出了图1.3。

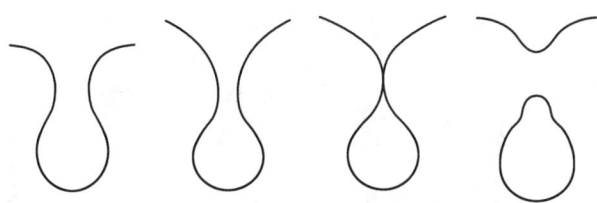

图1.3　实际情况是这样的吗?

"我猜想是如此。我无法肯定更多的情况。"她看来很困惑,这是否表明我们掌握实际情况的能力还十分有限呢?

"我已阅读过一些相关材料,"我说,"对我来说,令人惊讶的是,这个问题的答案竟然在那么长的时间里都未被发现。几千米长的图书馆书架上有不少研究流体流动的科学书籍——其中肯定会有人不辞辛劳地研究水滴的形状。但早期的文献中仅有一幅正确的插图,那是超过一个世纪前的物理学家瑞利勋爵(Lord Rayleigh)所绘,它与实物大小一样。"我停顿了一下,吸了口气,"这意味着它小得实在太不起眼,几乎没有人注意到它。"

"丝毫不错,"奥吕说,"作为报酬,下一轮酒由你买单。水滴的真正形状一直没有为人所知,直到1990年,布里斯托尔大学的应用数学家佩里格林(Howell Peregrine)及其同事们一起拍摄了一个分离的水滴,发现它远比人们想象的复杂——但也有趣得多。"他随即迅速地画出了一系列形状,而我则在寻找道路,走向酒吧。我回来时,手里拿着两杯啤酒、一杯哈维里伏特加橙汁鸡尾酒(他们那里的樱桃白兰地酒脱销了,可见布鲁克林轰炸机酒吧不会有成功的机会),此时他的草图正好差不多画完(见图1.4)。

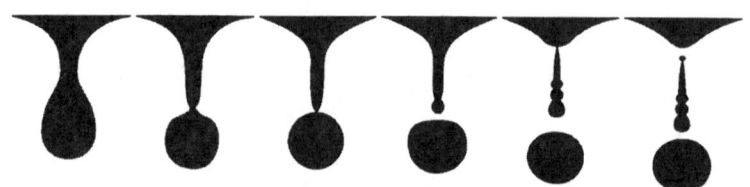

图1.4 脱离的水滴所发生的一系列形状变化——理论

"真有点**不可思议**。"迪尔德丽说。

"不,那不过是橙汁、伏特加、高卢酒,再加上一片黄瓜——"

"不是指你的饮料,是水滴的形状。"

格尼说:"它根本不是大多数人所想的形状,但它确实是实际出现的情况(见图1.5)。一切都开始于水龙头末端挂下来的膨胀着的水滴。它发育出细窄的腰,其下部似乎在向典型的泪滴形演变。但这腰并未挤压形成短而尖的尾巴,而是拉长成细长的圆柱线状,尾端挂着一个几近球形的水珠。"

图1.5 脱离的水滴所发生的一系列形状变化——实际

我拿起草图，注视着它，"我知道水滴何以变为球形。它落下如此之慢以致重力可以忽略不计，从而试图使表面张力所花的能量为最小，就拉成了球形。"

"为什么？"

"因为表面张力与表面积成正比，而球是体积一定时表面积最小的形状，"他在我的背上亲切地拍了一下，"但是我不明白为什么会形成细线。"

"主要是由于黏滞性，"奥吕说，"它是黏稠的。如果流体是糖浆而不是水，那么你在看到一根下垂的长线时是不会感到诧异的，对吗？水也算是够黏稠了，当然它还比不上糖浆。"

"一切似乎都解释得通，"迪尔德丽说，"但何以这细线不一直挂下去？"

"不稳定性嘛！"我大声嚷道。这下子倒是惊动了邻座的三位正在玩克里比奇纸牌游戏①的老妇人。她们用严厉的目光瞪了我一眼。

"太长的细线是不稳定的。"我说。

"说得很对。"奥吕说，一边打开了他的食盒，里面有他最爱吃的牛肚、内脏、甜菜根与油炸马铃薯片。"也想来一点吧？"他咕哝着说，朝我的方向挥了挥手，我摇摇头。

"不稳定性使细线开始变细，正好是在它与球相接的一点，直至它演变成一个尖点。在这个阶段，图形看上去就像是一根编织针戳在一只柑橘上，然后柑橘脱离编织针落下，下落时略有颤动，然后水滴脱离。"

---

① 原文为Cribbage，是一种用木板记分的纸牌游戏。——译者注

"然而这仅仅是故事的一半。"他将更多的油炸薯片塞进嘴里,然后狼吞虎咽,用福斯迪克最好的苦味啤酒裹着它们吞下肚去。

"现在,编织针的尖端开始修圆,轻微的**波动**向编织针上面的根部回传,使它看上去犹如一串变得越来越小的珍珠。最后,悬挂着的水丝在顶端窄化成一个尖点,它也脱离了。当它落下来时,其顶端修圆,一系列极其相似的波动沿着它传播。"

迪尔德丽同我都靠在我们的座椅里,仰望着空中,然后又眼光一转,注视着奥吕所作的插图。迪尔德丽说:"太令人吃惊了,我从未想到水滴竟会如此忙忙碌碌。"

"不,"我说,"应该说如此奇异,它总算使我明白,何以之前人们从未使用过如此众多的数学细节来探讨这个问题。"

"为什么以前没有研究?"

"因为它实在是太难了。你看,水滴脱离时,这个问题里有一个**奇点**——用数学处理起来相当棘手。奇点就是'编织针'的尖端。"

"为什么会有奇点?何以水滴要以如此复杂的方式来脱离?"

奥吕插了进来:"因为在1994年,物理学家埃格斯(Jens Eggers)与杜邦(Todd F. Dupont)证明了这种场景是流体运动的纳维-斯托克斯方程的必然结果。他们在计算机上模拟了这些方程,重演了佩里格林的那一幕场景。"他活像一只傻笑的柴郡猫[①],当他注意到我不大在意,没有他想象中的那样热心时,脸色顿时沉下来了。"为什么你的脸色如此

[①] 著名儿童文学作品《爱丽丝漫游奇境记》中的人物,它常常无缘无故地傻笑。——译者注

酸溜溜?"他问我,"它是一桩很了不起的研究成果呢。"

"绝对如此,"我说,"只要能做得一半好,我就非常自豪了。不过我并不认为它真正解决了问题。它再次肯定了纳维-斯托克斯方程确实可以预测正确的场景,但它本身并不能帮助我真正理解它。咀嚼数字与使你的大脑绕着答案的真正意义打转,这两者之间存在着重大差异。"

奥吕摸了摸他的下巴,"你又在谈论解释的哲学意义了,是不是?"

"我谈论的是何种解释能使我真正感觉到我已经理解了一些东西。我猜,你可以把它乔装打扮为哲学。它肯定不同于科学、数学或诸如此类的事物——它探讨的是,我们是怎样去理解科学与数学的。

"我想看到的那种解释应当是一连串简单的逻辑思维训练,它按照图形的本来面目来进行研究处理,从而使我信服它一定会出现。我无法肯定任何人现在已经获得了下坠水滴的最确切的解释,但是我记起了史向东(X. D. Shi)及芝加哥大学其他学者所做的一些研究工作,他们确实是朝着那个方向在努力。主要的理念已经体现在佩里格林的工作中,实际上是流体流动方程的一种特解,人们称之为**相似解**。"

"那是什么?"

"它是一个具有某种对称性的解,这使它在数学上比较温顺听话,较易处理。它具有暂时的自相似性——在不同时间、较小尺度上重复自身的结构。这就回答了一个问题:一旦细线的颈部开始变窄,它就会持续这种过程,变得越来越狭窄,直至最后变成一个尖点为止。"

奥吕说:"我跟不上你了。"

"这倒并不奇怪。我省略了一大堆数学细节。然而相似解存在的想法可以解释奇点的形状,只要假定相似解存在就行,这就是迷失的技术切入之处——"

"嗨!"迪尔德丽插话道,"我刚刚意识到有一张绝对称得上是经典的照片,足以完美地显示它的特异性,但它拍摄的对象是牛奶而不是水,也不是在向下滴。"

"很抱歉,你的意思是——"

"汤普逊(D'Arcy Thompson)1942年出版的《论生长与形态》(*On Growth and Form*),第一卷中有幅著名的卷首插图,牛奶从碟子里泼溅出来,形状很像一顶皇冠(见图1.6)。"

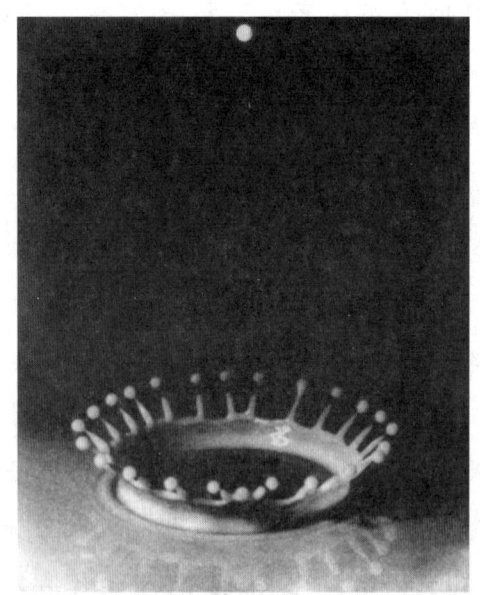

图1.6 埃杰顿的著名照片——《牛奶皇冠》
皇冠上的每个"长钉"看起来就像前面"编织针与柑橘"中的第三幅图

"说得很对,"奥吕道,"照片拍摄者是麻省理工学院的埃杰顿(Harold Edgerton),但它与我所画的图并不相像。"

"是啊。此图确实像皇冠。皇冠上的每一个长钉,其末端都有一个小圆滴,长钉的形状就像是一根越来越窄的管子,与小圆滴的相接处狭窄得成了尖点。"

"佩里格林的论文里指出,这整个复杂的一系列事件具有**普适性**,"我说道,"只要流体拥有适宜的黏滞性,则液滴的脱离情况与系列变化都是完全相同的。"

格尼决定试验一下他的啤酒的黏滞性,可惜它淌得非常之快,一点都不像糖浆。

"你们可曾听我说过,我发明了一种特别的细菌制剂,可以把石油转化为糖浆?"他问道,"它几乎完全毁坏了整个北海油田——"

迪尔德丽说:"是的,我听过100次了。由于你发明了一种特别的酵母,可以把糖蜜转变成酒精,你因此交上了好运,创造了一个北海啤酒田。"[①]

"早就枯竭了。"他垂头丧气地说。

"说到糖蜜,"我插话说,"史向东的团队把相似解的思路又向前推进了一步,研究出液滴的脱离过程及其性态与黏稠度有关。他们利用水和甘油的各种不同黏稠度的混合物做了大量实验,他们还进行了计算机模拟,并通过相似解开展了理论研究工作。他们发现,对更黏稠

---

① 请参看我的科幻故事《糖蜜之井》(*The Treacle Well*),见《类比(*Analog*)》杂志103卷第10期,1983年9月号,40—58页。——原注

的流体来说,在形成奇点、液滴脱离之前,细线会出现**第二度**的变窄。"

"你的意思是说,你得到的一种形状,就像是一只柑橘,在它上面是一根很长的线,再往上才是一根编织针的尖端?"迪尔德丽问道。

"说得对极了。现在,多亏了过程的自相似性——"

她抢了我的话头:"当液体的黏稠度更大时,还会有**第三度**的变窄——一只柑橘悬挂在一根棉纱下面,上面是一根细线,再上面才是编织针的针尖。黏稠度更大时,继续变窄的情况还会无限递增,是这样吗?"

"不错。至少在我们不考虑物质的原子结构所加的限制条件时是如此(见图1.7)。"

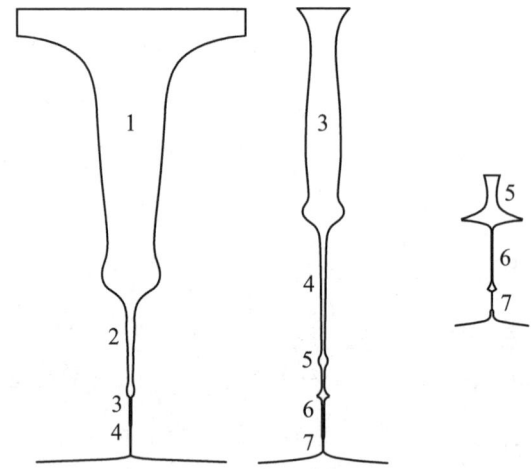

图1.7 按照史向东的计算,一滴黏稠液体的不断变窄状况
左图是前4次变窄;中图是左图下部的放大,显示出另外还有3次变窄;右图则是第5、6、7次变窄的放大

"真是不可思议。"格尼说。

"决不要把一切事情视为理所当然,"我说,"它是一个看似简单,答案却异常惊人的问题。人们总是要提出一些问题来,而答案则不是人们所预期的那样。"

迪尔德丽说:"我还有一个简单问题要问你。"

"什么问题?"

"你需要别的饮料吗?现在轮到我做东了。"

奥吕与我看了她一下,然后彼此顾盼。"有些简单问题的答案总是在人们意料之中的。"我们意见一致地说。

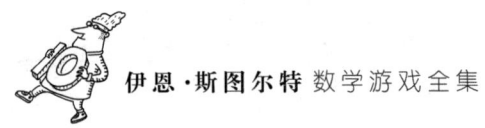

反馈信息

假山盆景在普拉切德(Terry Pratchett)所著的富有幽默情趣的幻想小说《时间的窃贼》(*Thief of Time*)中有不少特写镜头,该作品是其《碟形世界》系列故事中的第26篇。目前该系列总计已达32篇,外加4种青少年读物与为数众多的延伸产品。在该系列故事中,假山盆景的创始人为陆子(Lu-Tze),他是历史上一位有名的高僧,以此作为一种业余爱好。培植盆景很费时间——不过历史名僧有的是时间,足以从容不迫地掌握这门古老的园艺技术。在他们手里,时间要紧要松,全都不成问题。

第 2 章
审问者的谬误

数学与法律纠缠在一起了。不过这并不是说,要把二次方程变成非法的——对不起!DNA验证已把概率论带进法庭,从而打开了潘多拉的盒子。那么,法庭现在能够干点什么呢?他们正在做一些尝试,打算把数学驱赶出去。

绳结与迷宫中的奶牛

数学正在侵入法庭。

陪审团的成员们都曾受过培训，一旦能肯定罪行超越了"合理怀疑"的限度就可以将被告定罪。这种指示很有点定性的意味：它全然取决于每位陪审员权衡什么算合理。未来的文明社会有可能把罪行定量化，就像是科幻小说中的一幕场景，没有陪审团，代之以法庭计算机。这种计算机能够权衡证据的分量，计算犯罪的概率，而当概率数值充分接近于1（这意味着绝对肯定，是一种难得出现的理想情况）时即可中止审讯，进行宣判。然而目前的文明社会还没有法庭计算机，所以陪审团还是要紧紧抓住概率论不放，其中的一大理由是DNA验证用得越来越多。缉拿真凶的DNA科学相对说来还比较新鲜，因而DNA证据的解读必须依靠概率评估。当传统的指纹识别刚开始被引入时，类似的问题也曾出现过，但在以往的那些日子里，律师们大概不会那么厉害，因而从概率角度来看，指纹证据很少引起争议。不过，情况不断在变化，越来越多的律师开始寻找理由怀疑指纹的可靠性（不管这些理由能否成立）。

在本系列的《搬桌子与大富翁游戏》中，有一章谈到了马修斯

(Robert Matthews)的"拟人化原理"的研究工作。1995年,马修斯指出,即使司法案件中长期以来被认为最可靠的证据来源也**应当用概率论加以分析**。他的意思是指犯人的招供。马修斯的惊人结论之一是:在某些情况下,口供的存在反而加重了被告无辜这类观点的比重。他把这一发现定名为"审问者的谬误"。

对托克马达(Tomás de Torquermada)这位西班牙首任宗教法庭庭长来说,招供就是犯罪的不折不扣的证明——即使一般说来招供总是在犯人受到威胁的情况下作出的。正是这位托克马达先生,批准了刑讯逼供,从而使2000余人因被迫招供而被活活烧死,这一点他难辞其咎。现代法律实践对明知在严刑拷打之下所取得的供词普遍持怀疑态度。但在20世纪90年代中期,英国确实有一系列高嫌疑度的恐怖主义罪案的定论是取决于口供。有不少案件因怀疑口供造假而在上诉时被推翻了。马修斯的观点为恐怖主义案件中不能片面相信口供提供了一个公认的理由,除非另有确凿的证据证明他们有罪。

人们所需要的主要数学思想就是条件概率。它告诉我们,如果别的事件已经出现,某些事件出现的可能性将有多大。人们对概率的直觉知识真是少得可怜——譬如说,即使存在着种种浅显的解释,我们仍将受到"偶然巧合"的过度影响。而当它以条件概率的形式出现时,情况甚至会变得更糟糕。下面让我来讲一个著名的例子,非常切合题意。

史密斯先生与太太告诉你,他们有两个孩子,其中一个是女孩。但他们没有说另一个孩子是男是女,据我们所知,两者皆有可能。在

给出了上述信息之后,试问另一个孩子也是女孩的概率是多少?你可以假定,在出生问题上,男孩与女孩的可能性完全一样,任何一个的概率都等于$\frac{1}{2}$,且每次生育,男孩或女孩的出现是独立事件。这些假设并不完全正确,但它们足够接近实际,可以避开复杂情况,不会分散精力影响推理,也不至于极大地改变结果。

有点类似于条件反射的反应是,另一个孩子或男或女是同样可能的,因而不难算出那个孩子为女孩的概率是$\frac{1}{2}$。然而,性别分布实际上有4种可能情况:BB,BG,GB,GG——在这里,B与G分别表示"男孩"与"女孩",字母的先后顺序表示他们的出生顺序。每一种组合都是等可能的,因而可算出其概率为$\frac{1}{4}$。这个家庭至少有一个女孩的情况有3种:BG,GB,GG,其中只有一种情况GG代表另一个孩子也是女孩。因而事实上,如果已知至少一个是女孩,那么两个都是女孩的概率应该是$\frac{1}{3}$。

从另一方面来看这个问题,设想史密斯夫妇告诉你,他们的**第一个孩子**是个女孩。试问,第二个孩子也是女孩的概率是多少呢?这时可能的性别分布为GB与GG,第二个孩子也是女孩的情况只能是GG,所以概率变成$\frac{1}{2}$了。此种结论似乎对许多人来说都是不合理的,然而根据上述假设,我们的计算是正确的。它们之所以能够迷惑我们,是因为我们对条件概率的悖论特征缺乏一种良好的感觉。史密斯家庭的以上两个故事告诉我们,条件概率与**语境**有关,语境的选择对概率计算有着很强的作用。但由于语境通常是隐晦的而不是透明的,我们不会给以足够的重视,很容易被它误导。

在本系列的《多边形与时间困境》的第1章中,列出了抛掷两颗骰子的全部36种方式——每一种配对都是等可能的,见图2.1。假定至少有一颗骰子掷出了6点,试问两颗骰子都是6点的概率等于多少?在此问题中,至少有一颗骰子是6点的情况共有11种,全都是等可能的,在它们中间,只有一种情况有两个6点。因而,此题的条件概率是$\frac{1}{11}$。现在来提一个类似的问题,但条件改为"白色骰子掷出了6点"。从图中可以看出,满足这个条件的情况只有6种了,因而这个条件概率变为$\frac{1}{6}$。骰子的情况同史密斯家孩子的情况十分类似。

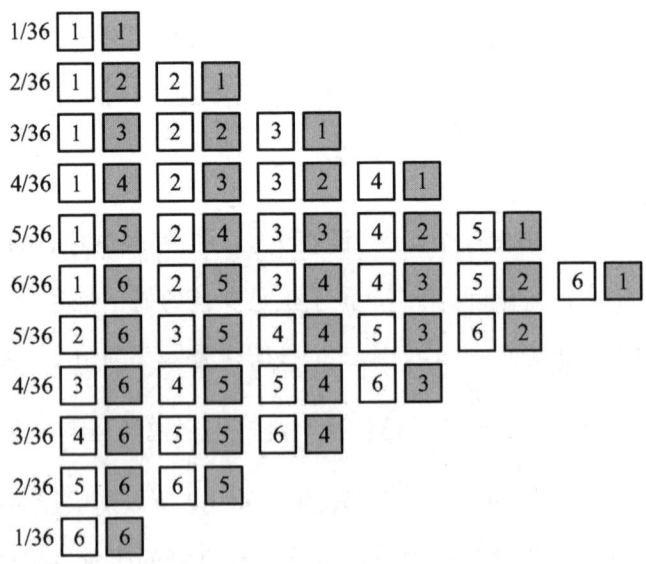

图2.1

欲知这些结果何以如此微妙,请看下面的解读。假定你已经知道史密斯先生与太太有两个孩子,但不知道其性别。有一天,你在他家的花园里看到了他们(见图2.2)。你看到一个女孩。另一个孩子由于被一只狗遮挡了部分视线,无法确定其性别。试问:史密斯家有两个女孩的概率是多少?你可以争辩说,问题正好相当于上面所说的第一个情景,从而得出概率是$\frac{1}{3}$。然而你又可以说,提供给你的信息是"没有同狗在一起玩耍的是个女孩",就像上文中所提到的区别两个孩子的第二个情景那样,从而得出答案为$\frac{1}{2}$。不过,史密斯先生与太太知道

图2.2 史密斯家的孩子与他们的狗

同狗在一起玩耍的是他们的小儿子威廉,当然会说两个孩子都是女孩的概率等于0。那么,究竟是谁说对了呢?

答案取决于语境的选择。概率所谈论的是现实的模型,而不是现实本身。你的随机取样是从许多有孩子的家庭而来的呢?还是从只有一个孩子的家庭而来?也许你观察的只是一个特定的家庭,而概率完全是从错误的模型中推算出来的?

统计数据的解释需要对概率以及应用它的语境都有深刻了解。多年以来,律师们老是肆无忌惮地辱骂陪审员们数学知识贫乏、良莠不分、黑白颠倒,让无辜者被判了刑,有罪者却被释放。有个著名的案例——出现在DNA取证的领域里——叫作"检察官的谬误"。不过我还是要说,法庭方面如今已经了解这类情况,而且多数人也已尽力而为。尽管如此,一位初级律师克拉克(Sally Clark)因谋杀她的亲生子女的不实指控而被误判的案件告诉人们,前面还有很远的路要走。此案发生于1999年,既不涉及DNA取证,也同"检察官的谬误"无关。

让我们重新回到DNA取证这个话题(也叫DNA纹印,或遗传纹印),先介绍一下语境,然后再来看看谬误究竟出在哪里。

DNA取证的思想由英国莱斯特大学的杰弗里斯(Alec Jeffreys)于1985年提出。重点集中在所谓VNTR(Variable Number of Tandem Repeat的缩略词,意为"可变串联重复数"),即在每一个人类基因组中的区域中,有一个特殊的DNA序列会重复许多次。VNTR的个体差异极大,人们普遍相信,可以利用它来独一无二地进行个体鉴别。

来自分子生物学的一种标准技术"多位探测"被应用于在两个DNA样本的各自VNTR区域中查找"匹配",这两个样本中的一个与罪案有关,另一个则从犯罪嫌疑人身上取得。足够的匹配将提供无可辩驳的统计证据,表明两个样本都来自同一人。

"检察官的谬误"则是由混淆了两类不同的概率所致。"匹配概率"所回答的问题是:"某人的DNA样本与罪案样本能够'配对'的概率有多大,如果假定他们都是无辜的话?"然而,法庭上关心的问题却是:"嫌犯是无辜的概率有多大,即使DNA测试是能够'匹配'的?"当说话的语句先后顺序对换时,条件概率值通常都是会改变的,因而上述两个问题的答案可能截然不同。在这里,我们再次看到了以前碰到过的情况,即产生差异的根源来自对语境的不同解释。在前一种情况,抽样个体是从便于科学分类的统计母体中选出来的——譬如说,同样的性别,同等的身材,同一个种族……至于后一种情况呢,统计母体却是人数远远少得多的,定义得不完善的,然而关联程度大得多的一个集合——也就是可能干坏事的那伙人。

在这样的情况下,条件概率的使用受到一种理论的控制,它就是英国概率论专家贝叶斯(Thomas Bayes)所发现的定理。设 A、C 为事件,出现概率分别为 $P(A)$,$P(C)$。$P(A \mid C)$ 表示事件 C 肯定出现时,发生事件 A 的概率。事件 $A\&C$ 表示"A 与 C 同时出现"。贝叶斯定理的最简版本将告诉我们

$$P(A \mid C) = \frac{P(A\&C)}{P(C)}$$

这个定理的上述简明表达式实质上就是条件概率的定义,但它还有更一般的版本,以下将加以说明。

譬如说,关于史密斯家的孩子问题,第一幕场景中有

C="至少有一个孩子是女孩"

A="另一个孩子是女孩"

$$P(C)=\frac{3}{4}$$

$$P(A\&C)=\frac{1}{4}$$

这里的$A\&C$也就是事件"两个孩子都是女孩"或GG。现在贝叶斯定理告诉我们,如果假定一个孩子是女孩,则另一个孩子是女孩的概率应等于

$$\frac{\frac{1}{4}}{\frac{3}{4}}=\frac{1}{3}$$

这个值就是我们以前算出过的。类似地,就第二幕场景而言,贝叶斯定理会给出答案$\frac{1}{2}$,也同以前一样。

为了把它应用于犯人口供,马修斯采用以下记法,设

A="被告是有罪的"

C="他们已招供"

如同贝叶斯推理的通常做法,他将$P(A)$视为"先验概率"(被告是有罪的)——就是说,在犯人招供之前,从证据评估出来的他有罪的概率。设A'表示事件A的否定事件("被告是无辜的"),马修斯利用贝叶

斯定理推导出了下列公式(详见下文):

$$P(A \mid C) = \frac{p}{p + r(1-p)}$$

为了使代数表达式尽量简洁,这里我们已将 $P(A)$ 改记为 p,另外还有

$$r = \frac{P(C \mid A')}{P(C \mid A)}$$

这个 r,我们将称之为"招供比"。此处,$P(C \mid A')$ 是无辜之人供认有罪的概率,而 $P(C \mid A)$ 则是罪犯招供的概率。在无辜者认罪的可能性比罪犯招供的可能性小时,招供比小于1,反之,当无辜之人比罪犯更有可能认罪时,招供比大于1。

马修斯公式

由贝叶斯定理

$$P(A \mid C) = \frac{P(A\&C)}{P(C)}$$

类似地有

$$P(C \mid A) = \frac{P(A\&C)}{P(A)}$$

但由于 $C\&A = A\&C$,从而可将以上两式结合起来,得出

$$P(A \mid C) = \frac{P(C\mid A)P(A)}{P(C)}$$

由于 A 或 A' 中,两者之一必然出现,但不可能同时兼有,从而有

$$P(C) = P(C \mid A)P(A) + P(C \mid A')P(A')$$

最后,$P(A') = 1 - P(A)$,若 $P(A) = p$,则 $P(A') = 1 - p$。将所有这些整合起来,我们得出非常复杂的公式

$$P(A \mid C) = \frac{P(A)}{P(A) + \dfrac{P(C\mid A')}{P(C\mid A)} P(A')}$$

用 p 代替 $P(A)$,r 代替 $\dfrac{P(C\mid A')}{P(C\mid A)}$,可将上式简化为

$$P(A \mid C) = \frac{p}{p + r(1-p)}$$

从而推导出了正文所述的结果。

如果招供会导致有罪概率的上升,则我们将要求 $P(A \mid C)$ 大于 $P(A)$,而后者是等于 p 的。从而我们需要下式能够成立,即

$$\frac{p}{p + r(1-p)} > p$$

通过一些简单的代数运算,即可导出 $r<1$。然而,此不等式却有一个令人震惊的解读:

招供的存在将使有罪的概率增大,

当且仅当,

一个无辜者认罪的可能性比一个罪犯认罪的可能性小。

如果你琢磨一下这个解释,它听起来似乎很合理,可是它所内含的深层含义就不那么直观了:有时,招供的存在,反而会使有罪概率**减小**。事实上,无论何时,只要无辜者比罪犯更有可能供认犯罪,这样的事情就会出现。然而,人们自然要问:难道真的出现过这样的情况吗?

就恐怖分子罪案而言,问题的答案竟然是:"是的,那是可以相信的。"心理素质方面的研究表明,易受暗示影响、屈从他人意旨、易被吓唬的人在受到审讯时都极有可能"招供"。可是以上这些描述不适用于铁石心肠的恐怖分子。他们受过专门训练,足以对付审讯那一套程序。事实表明,一个无辜、惶恐不安、没有受过训练的人,很容易会屈从于极端的言语威胁。一般情况下,无须拷打,仅仅由于他们感到计穷力竭、不知所措,为了使可怕的审讯停下来,就会胡言乱语、供认不讳。以上情况合情合理地解释了一度出现在英国法庭上的事情:已经定了罪的案件,后来却被彻底推翻了。

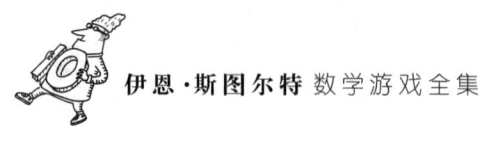

贝叶斯式的分析颇能说明证据的其他一些违反直觉的特征。例如，罪行的原始证据（X）后面紧跟着一个补充证据（Y）。此时陪审员几乎总是假定犯罪概率会上升。然而，实际上，犯罪概率并不见得会按此种方式递增。实际情况是，仅当下列情况出现时，新证据才会使犯罪概率递增：

老证据假定被告有罪时，

新证据所引出的条件概率，

　　大于

老证据假定被告无辜时，

新证据所引出的条件概率。

在公诉案件取决于犯人的招供时，可能会发生两种性质很不一样的事情。先说第一桩事情。设 X 为招供，Y 是招供以后所发现的证据——譬如说，在被告坦白交代之后发现了尸体。在此种情况下，由于无辜者不大可能会提供这类信息，从而贝叶斯式推理会表明有罪概率确实是增加了，正如我们所预期的那样。由此可见，取决于口供的确凿无误的证据确实增加了犯罪的可能性。

反之，设 X 为尸体的发现，而 Y 是随之而来的招供，此种情况下，尸体所提供的证据并不取决于招供，因而并不能确证它。尽管如此，并不存在一个与"审问者的谬误"类似的"发现尸体的谬误"。这是由于很难进行论证，在他们得知发现了尸体之后，无辜者会比罪犯更有可能招供。

建议每位未来的陪审员都去上一门贝叶斯推理课并通过考试，当然人们不会去干这种不切实际的事。但法官应该用马修斯指出的简单原理来指导,那样的做法还是完全可取的。其实,所谓"审问者的谬误",理解起来并不困难。同样的原理也适用于DNA测试,一言以蔽之,"审问者的谬误"仍然较好地解释了那些对陪审员来说非常直观易解,但推理起来却显得乱七八糟的情况,从而使数学要旨不至于被出色的生化技术所完全掩盖。有关"审问者的谬误"的简要综述很可能是一个最好的方法,足以令难缠的律师们感到泄气,从而不对DNA证据兴风作浪,提出一些虚妄不实的指责。

反馈信息

关于"审问者的谬误",我收到了一大批读者来信,不幸的是这些信件中的大多数,都只是肯定了我的看法,即人们在探讨条件概率时,往往很容易出错。大多数读者感到头痛的倒不是专栏文章的主要问题——同招供有关的概率,而是次要的作为预备例题的孩子性别。因而,让我先来回顾一下问题。这里顺便说一下,无论在概率论的教科书上还是在谜题书上,我所说的解法都是很规范的,同他们的计算方法完全一致。人家告诉我们,史密斯家正好有两个孩子,其中有一个(或一个以上)是女孩,试求两个孩子都是女孩的概率。我们假定生男或生女是等可能的,不过实际上并不完全如此。

争议的主体是我的孩子分类法,考虑他们的出生先后,同时兼顾性别。两个孩子的家庭共有4种类型:BB,BG,GB,GG。各种情况全都以同等的可能性出现,题目已给出信息"至少有一个孩子是G",从而就把第一类BB排除了,剩下BG,GB,GG,其中只有一种情况是两个女孩。从而两个孩子都是女孩的条件概率为 $\frac{1}{3}$。另一方面,如果我们得知的信息是"第一个孩子是女孩",那么两个孩子都是女孩的条件概率现在就变成了 $\frac{1}{2}$。

有一大批读者对这些结论持不同看法。有人认为我不应该区别BG与GB:问题只有两种情况,B/G与G/G,而且都是等可能出现。这种意见实质上是同莱布尼茨犯了同样性质的错误。

为什么人们老是在理论上大打口水仗,而不去动手做实验呢？让我们来抛掷两枚硬币许多次,然后再分别统计两个正面、两个背面,以及一正一背出现的次数与百分比吧。硬币可以模拟男女性别,正面与背面出现的概率也相等,各为$\frac{1}{2}$。如果你们的看法正确(BG 与 GB 是一样的,不应当区别)的话,那么这三种情况中的每一种都应当各占总数的$\frac{1}{3}$。好吧,你们不妨去试试看,把硬币抛掷 100 次。如果我的看法是对的,那么你们大致将会得出：出现两个正面 25 次,两个背面 25 次,一正一背 50 次；如果你们的说法正确,那么每种情况大致都将出现 33 次。

如果你们像我一样懒惰,不想动手的话,那么可以利用附带随机数生成器的计算机来模拟抛掷硬币。我做了 100 万次模拟性的抛掷,下面是我所得的结果：

出现两个正面：250 025

出现两个背面：250 719

出现一正一背：499 256。

你们不一定要相信我的话,请你们自己去试试。

另一个争论点是,无论我们是否知晓一个孩子是 G,另一个孩子是 B 还是 G 都是同样可能的。这个论点很有趣,然而却是错的,讲清楚这一点对人们颇有教益。基本说来,关键在于,当两个孩子都是女孩时,"另一个"的概念就没有唯一性可言。仅当我明确指出某一个是我所想的孩子时——譬如说,"年长的一个"时,所谓的"另一个"才成为唯一。两个案例的结果之所以不一样,原因即在于此。由于它破坏了事先所假定的 B 与 G 的对称性,从而就改变了条件概率。

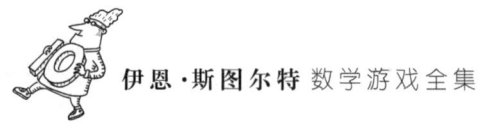

实际上,如果你想到这一点,就会懂得语句"年长的孩子是个女孩"所捎带的信息要大于语句"至少一个孩子是女孩"。(第一句能包含第二句,但第二句未必能包含第一句。)与之有关的条件概率有所不同,实际上不必大惊小怪。

让我也来向读者报告一下自从本文公开发表以来法律界的一些进展。它表明法律这一行不仅不是酷爱数字,而且甚至可以相信陪审员是厌恶数字的。在一个英国知名度极高的案件中,作为专家证人的一位统计学家向陪审团说明了贝叶斯定理,用的是非技术性的通俗语言,证明被告有罪。后来,被告的辩护律师们提出上诉,理由居然是不想采用贝叶斯定理的陪审团成员们当时并不知道还有另一种不同解释。上诉最终还是失败了,但是法庭的记录赫然在案,其观点是:在罪案审判中引入贝叶斯定理或诸如此类的东西将使审判官们陷入一种毫无必要的烦琐理论的泥沼中,从而偏离了他们的正常业务。上诉再次被驳回了,贝叶斯定理的司法应用仍然是湮没无闻,被人们淡忘了。

尽管陪审团成员可能被高深莫测的数学搞得头昏脑涨,所说的情况也许属实,但这并不能使辩护律师们从此止步不前。时不时仍会出现一些嫌疑度极高的刑事案件,由于误用概率论而备受非议。但目前陪审团成员们似乎已被剥夺了这种权利,即使完全合理的数学原理有可能帮助他们发现那些曲解与滥用。人们所持的理由竟然是,对这些学识贫乏的大人们来说,它们实在是太难懂了。

第 3 章
迷宫中的奶牛

最后,终于出现了奶牛!但为了发现它们,你必须走出迷宫。这不是通常的那种有着篱笆、死胡同以及诸如此类东西的迷宫,而是一种逻辑迷宫。你需要用到两支铅笔,穿越迷宫的道路取决于你选用哪一支铅笔。作为走出迷宫的奖品,最终出现了一头奶牛。

深具特色的迷宫题材在趣味数学中经常出现。其实,它在严肃数学中也远较你想象的更为常见,因为任何数学研究实质上都要求你在语句的逻辑迷宫中找出一条通路,而从每一个语句到下一个语句都必须是正确的逻辑推演。下文将要介绍给读者的"奶牛在哪里?"是美国佛罗里达州丘比特市的阿博特(Robert Abbott)发明的一种新型迷宫,它既是几何迷宫又是逻辑迷宫。本文选自他的《超级迷宫》(Supermazes)一书。

数学游戏专栏的长期爱好者当能回忆起阿博特其人,他是扑克牌游戏"依洛西斯"的发明人。加德纳先生曾于1959年及1977年先后两次讨论过该课题。[①]它的魅力主要在于一种逻辑新花招:对游戏瞄准的目标,即除一人之外的所有玩家,大家不是根据既定的规则来玩游戏,而是去猜测规则究竟是什么。其他玩家的任务则是要发明规则。

阿博特的"奶牛迷宫"也是基于逻辑花招的,即所谓的自我参照。自我参照语句给逻辑学家与哲学家带来了一大堆问题——例如同埃

[①] 请参看《幻方与折纸艺术》第5章,马丁·加德纳著,封宗信译,上海科技教育出版社,2020年。——译者注

庇米尼得斯(Epimenides)的姓氏挂钩的悖论。埃氏是古希腊时期的克里特岛人,他宣称所有的克里特人都是说谎者,并归纳说:这句话是谎话。

现在要问:这句话说得对吗?还是说得不对?你将陷于两难处境:对也不是,不对也不是。除此之外,还有与此类似的相互参照语句,譬如说:

下一句话是真的。

上一句话是假的。

它是一个逻辑富矿,似是而非的例子不胜枚举。

走出困境的一种办法是同意语句的真实性可以在连续的标尺上滑动,譬如说,一半为真,十分之三为假……另一种办法是让语句的真实性可作动态变化。在1993年2月号的"数学游戏"专栏上,我报道了马尔(Gary Mar)与格里姆(Patrick Grim)的研究工作,他们发现这种动态方法可以导致逻辑分形与混沌。还有一种办法则是听其自然,沉溺在自我参照的奇异梦幻中尽情取乐,我们想干的事情正是后者。

正如阿博特所说:"显然,自我参照是值得逻辑学家们研究的一个重要领域。然而,真正重要的问题是(从我的观点看,它的确是真正重要的):用了自我参照之后,是否会给迷宫问题带来更多的混乱?现在我将高兴地向你报告:情况确实如此。"

"奶牛在哪里?"见图3.1(a)与图3.1(b),它将跨接两页,因为图形实在太大,一页纸放不下。不仅图上的文字是自我参照的,而且迷宫的规则也将随着你的走法而变化。方框里的文字分为三类:常见的宋体字、黑体字，以及斜体字（在阿博特的原书《超级迷宫》里，它们分别用黑、红、绿3色来表示。但我们的书不是彩色的，所以我改变了方式，作了上述字体上的变化。当然，这种做法不会影响迷宫的抽象结构）。总之，这些字体是至关重要的——例如方框1与方框2。

为了穿越这个迷宫，你必须使用双手，在每只手上拿一支铅笔或别的指示器，它们将提醒你目前身在何处。不过你也可以改用两只筹码，将它们放在方框上。

开始游戏时，一支铅笔指向方框1，另一支铅笔指向方框7。方框的编号并不严格按照顺序排列：这是有意为之。你的目标是要走出一系列的移动，使至少一支铅笔指向画着奶牛的方框。为了叙述方便，我们在后面的解题过程中将该方框记为COW。在阿博特原来的著作中将此方框记为GOAL，并且除了方框50之外，力求避开"奶牛"这个字眼，但他坚持要将这头漫画里的奶牛放入迷宫之中，并认为这种做法对题意不会产生任何曲解。

为了在迷宫中走一步，**首先**要选一支铅笔，**然后**按照它所指向的方框中的指示行事。这样就可以了，没有什么其他选择要做，除非你要按照方框55中的指令行事。让我再重复一遍：**在选定你的铅笔之前，不要看方框中的指示**。本章末的"反馈信息"将会告诉你，如果你忘了这条规则，将会发生什么意外之事。

例如，设想在开始状态，你选定的铅笔是指向方框7的那一支。它问道："另一支铅笔所在的方框，其编号是奇数吗？"（在这里，"所在"的意思即"指向"）。由于另一支铅笔指向方框1，而1为奇数，所以答案应

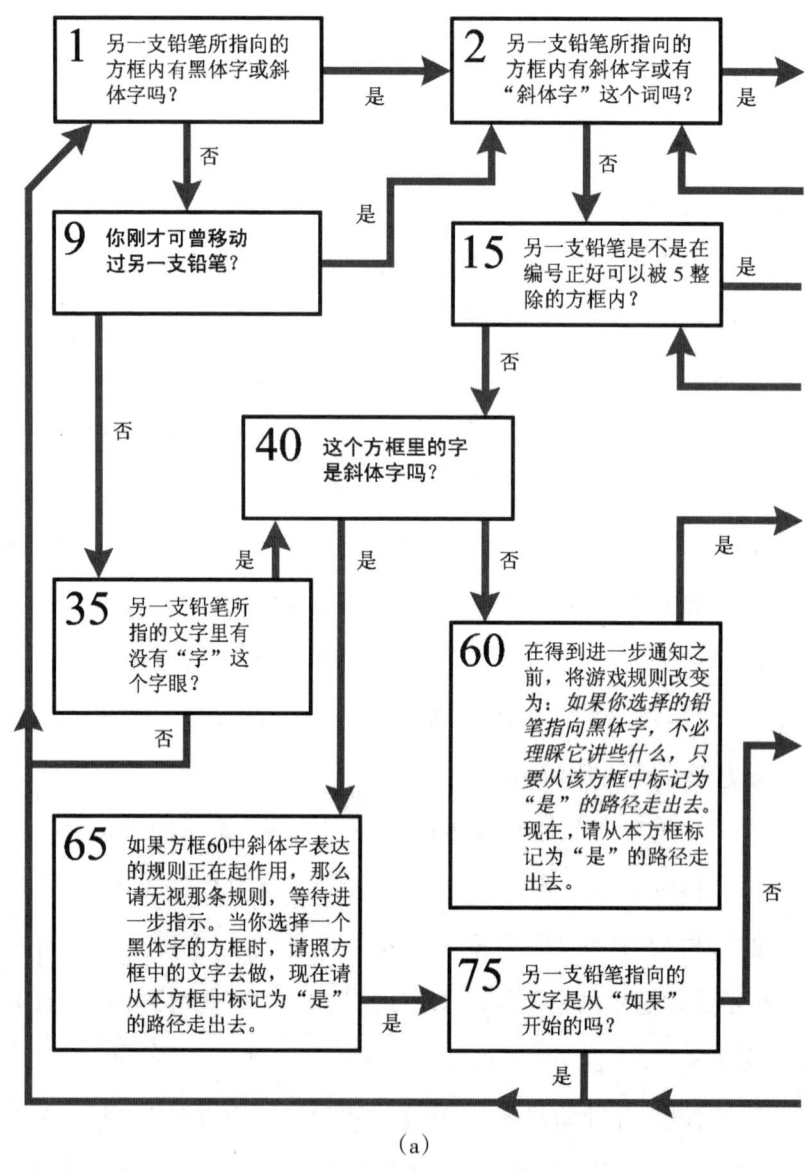

(a)

图 3.1

游戏开始时,把两支铅笔分别放在方框 1 与 7 内,选择方框,按游戏规则行事。不断移动,直到把一支铅笔移进"奶牛"方框为止

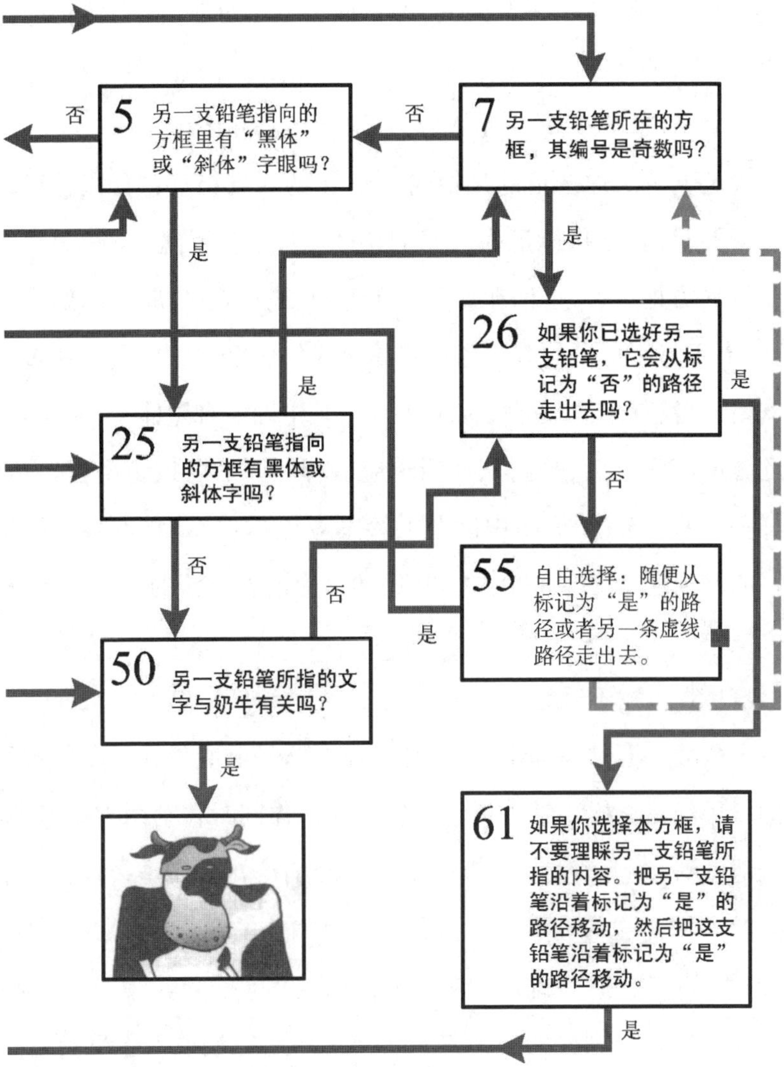

绳结与迷宫中的奶牛

5 另一支铅笔指向的方框里有"黑体"或"斜体"字眼吗?

7 另一支铅笔所在的方框,其编号是奇数吗?

25 另一支铅笔指向的方框有黑体或斜体字吗?

26 如果你已选好另一支铅笔,它会从标记为"否"的路径走出去吗?

50 另一支铅笔所指的文字与奶牛有关吗?

55 自由选择:随便从标记为"是"的路径或者另一条虚线路径走出去。

61 如果你选择本方框,请不要理睬另一支铅笔所指的内容。把另一支铅笔沿着标记为"是"的路径移动,然后把这支铅笔沿着标记为"是"的路径移动。

(b)

43

该为"是"。从而你必须把指向方框7的铅笔沿着标记为"是"的通道移动到方框26；此时另一支铅笔，即指向方框1的那支，当然仍旧停在那里。

你会说，照章办事，不是太容易了吗？但请稍待片刻。

假定下一次你选定的是指向方框26的那支铅笔："如果你已选好另一支铅笔，它会从标记为'否'的路径走出去吗？"嗯，嗯！另一支铅笔是指向方框1的（它仍在那里），如果你选定了它，那么问题将变为"另一支铅笔所指向的方框内有黑体字或斜体字吗？"问题中所说的另一支铅笔当然是指向方框26的那一支，其中确实有黑体字，因而方框1中问题的答案应为"是"，从而铅笔应沿着"是"的通道走出去。然而，这样一来意味着方框26中问题的答案应该是："不，它不会从标记为'否'的路径走出去。"于是方框26中的笔应沿着"否"的通道走出去，指向方框55。

啃！真是找不着北了。

大多数方框都是提问题的，你的出口路径取决于答案。但有些方框的作用却不一样。譬如说，方框61要求你同时移动两支铅笔，除非你全部做到，否则动作就不算完。方框55有个出口用虚线代替通常所标记的"否"。这的确造成了差异——例如你的两支铅笔指向方框26与55，而你决定选择要移动方框26的那支。

真正具有戏剧性的方框是60号与65号，它们改变了穿行迷宫的规则。方框60不执行黑体字方框通常的游戏规则，而代之以规则"永远从'是'的路径走出去。"为了方便起见，今后我将把它称为"60号规则"。方框65取消了60号规则,重新恢复通常的游戏规则。不过这些变化只有在你选择了合适的方框时才能起作用——只有一支铅笔指向其中的一个方框是不够的。特别要说一下,有可能做到一支铅笔指向方框60,而另一支指向方框65。此时,每一方框都让你不要去理睬另一方框里的话——不过,这并不会引起自我参照的逻辑悖论,因为你只能挑一个方框里的指示去执行。不可能两者都听从。

某些指示看来模棱两可,其结果取决于你对一些逻辑上的疑难杂症如何进行梳理。譬如说,方框5要求回答另一支铅笔指向的方框里有没有"黑体"或"斜体"这两个词中的一个。如果另一支铅笔指向方框1,答案显然为"是";如果它指向方框15,答案肯定为"否"。但如果它也指向方框5,将会发生什么情况呢?涉及"黑体"的引号是否意味着文字中不包含"黑体"这个词,而是带引号的"黑体"这个短语?对此疑问,阿博特的解释为——如果你想走出迷宫,那就必须听从他的解释——引号是无关的,若两支铅笔都在方框5,答案应为"是"。

方框50的问题是另一支铅笔所指的文字是否同奶牛有关。这是一个相当不错的问题——在任何别的方框里"奶牛"这个词都没有出现。但显然,两支铅笔都有可能指向方框50,在此种情况下,答案为"是",于是你就可以走出此框,进入终点"奶牛"方框——除非你故意强词夺理地辩称方框50不是与"奶牛"这个字眼有关,而是与"奶牛"所指的形象有关,那就是另一个问题了。照你的说法,你将被困住,永远走不出迷宫。所以你应当力求避免这种哲学上的咬文嚼字。

顺便说一句,"奶牛"方框里的插图(那是我添加进去的)并不是涉

及"奶牛"的文字,但一旦你的铅笔指向了"奶牛"方框,你就算是走出了迷宫,所以这样的后果无关紧要了。

通过以上啰唆的讲解,我想你已经相信走出迷宫的唯一途径就是要让两支铅笔都指向方框50。在改变游戏规则的方框60不起作用时此事为真。如果60号规则正在起作用,那么你只要将一支铅笔移到方框50,不论另一支铅笔位于何处,你都算是完成了任务。实际上还有**另一条**途径能帮助你找到方框50的一个合法出口,使你沿着"是"的路径到达终点。你能不能找到它?

最古怪的情况出现在两支铅笔都指向方框26时。此时的问题实际上是"自我参照"型的,没有明确的办法去回答。这样一来,会发生什么变化呢?狡诈的阿博特精心地构筑了他的迷宫,使两支铅笔都指向方框26时,60号规则必然起作用,从而对方框26的文字可以不必理睬!当两支铅笔都指向方框61时,情况也类似。

问　题

现在不靠别人指点,自己去走一走这个迷宫吧。当你感到前景迷茫、信心不足时,不妨去看看本章后面的提示,后面还有一个完整的解答。你也可以参阅一下"反馈信息",它提醒你在解读游戏规则时需要防止哪些常见的错误。

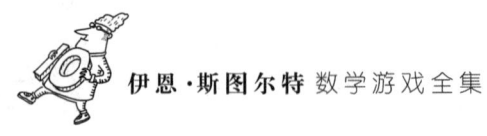

为了防止你不动手尝试就马上去看提示,我现在问你:"这究竟算不算一个真正的迷宫?如果它真的是迷宫,那又是什么意义下的迷宫?"

按照传统观点,迷宫是由一些**固定**路径所组成的网络,这些路径或者植上紫杉属灌木并修剪成型,或者只是画在纸上。另外,通常穿过迷宫的物体只是一件,不是两件。在这些限制下,存在着一些带有普遍性的一般方法可用来穿越迷宫。尤其重要的是所谓"深度优先算法",只要有可能,它足以为你找出新的探索领域。为了理解它的运作方式,让我们首先来定义迷宫中的"结点",说白了,它就是你需要在迷宫中选择不同道路的地方——也就是几条道路交会之处。

深度优先算法的主要步骤

1. 从标着"起点"的结点开始。

2. 只要有可能,应该去访问你以前未曾到过的任何一个相邻结点;一直这样做,直到你无法执行为止。

3. 发生上述情况时,应该沿着你以前走过的路返回,直至你到达第一个与未曾到过的结点相邻的结点为止;访问那个结点,然后回到第2步。

4. 已经走过的回头路,决不能再走。

如果你坚持按深度优先算法做,你肯定能够访问到迷宫的每个角落,自然也包括终点在内——除非终点同起点之间根本就无路可通,这样的迷宫简直无聊透顶。

初看起来,上述办法似乎不适用于"奶牛迷宫",因为当游戏规则改变时,可供利用的道路随之而变。另外,还须选择究竟哪支铅笔需要移动。不过,这样的判断其实是很肤浅的。实质上,"奶牛迷宫"仍然与标准型的迷宫完全等价,不过形式更加复杂而已。

我们先把方框60与65的规则改变搁置起来,留待以后再说。首先,让我们列出所有不同的"状态",即两支铅笔所指向的一个个**数对**。作为最后目标的"奶牛"(COW)也被视为一个数。譬如说,(1,7)这个数对就意味着一支铅笔指向方框1,而另一支铅笔指向方框7。但请注意,(7,1)表示的也是同一状态,因为我们没有必要再去辨别铅笔的异同了。总之,这些数对形成了新迷宫的结点。

其次,把所有可能的合法行动组成连接各个结点的道路,例如,我们可以从(1,7)走到(1,26)或(2,7),但不可能走到其他地方。这样一来,你就建立起一个传统型的迷宫,而它的任何解法就可以转译成"奶牛迷宫"的解答了。还应指出,此处有一个奇异的特征:迷宫的出口是形为(COW,?)或(?,COW)的任一结点。因为要走出这个"奶牛迷宫",只要有一支铅笔指向"奶牛"方框就够了。

方框60与65的规则改变都是受60号规则操控的。为了对付这种情况,只要在60号规则起作用的场合添加星号就行了。例如,(1,7)的意思是一支铅笔指向方框1,另一支铅笔指向方框7,60号规则不起作

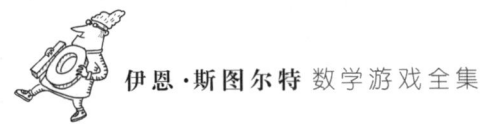

用;而(40,50)*的意思是一支铅笔指向方框40,另一支铅笔指向方框50,而60号规则正在起作用。你需要做的事情是把所有加星号与不加星号的数对统统列出,枚举一切合法行动,并将结果解读为迷宫中的结点与它们中间的道路。由此可见,当60号规则起作用时,迷宫并没有改变,仅仅是你走到了结点打上星号的那部分区域而已。如果你想用蛮干①的办法来解决"奶牛迷宫",你可以把这一切都交给计算机,然后进行深度优先搜索,计算机就会砰的一声把答案抛出来。

如果你不想蛮干,那也有几种策略可以采取。其中之一是寻找迷宫的关键特征。譬如说,为了到达最后的"奶牛"方框,你必须把一支铅笔指向方框50,而且一定要处在出口为"是"的正确状态。如前所述,有三种办法可以做到这一点。当60号规则正在起作用时,方框50只有一个出口"是";如果60号规则不起作用,那就只能从"否"的出口走出去了。另一种办法是采取逆推手段,即从一个假定的状态出发,看一看它可以从何处走来。把穿越迷宫的部分路径串起来,如果数量足够多的话,你就有可能得出一个整体的解法。

---

① 即采用"穷举法"。——译者注

绳结与迷宫中的奶牛

提　示

　　如果你已经试过各种手段而仍然困惑不解，下面给你若干提示。

　　• 为了到达COW，你**必须**先到达(50,50)。就是说，两支铅笔都得指向方框50，而且60号规则不起作用。至于另外两种潜在的解决办法，实际上是不可行的。

　　• 为了到达(50,50)，你必须先走到(35,35)，到达以后，距终点COW还有18步要走。

　　• 要想到达(35,35)，你必须先走到(61,75)，并移动指向方框61的铅笔。然后两支铅笔都能移动至方框1，从该处出发，走到(35,35)就容易了。

　　• 从起点(1,7)到达(61,75)的办法多得很。但它们全都要求启动60号规则，然后在方框65把它取消。

反馈信息

"迷宫中的奶牛"发表以后,引起了读者相当大的兴趣和激动。来自读者的反馈信息使我有点手忙脚乱,有人声称找到了更短、更好的解答,也有人说我的解法(其实就是阿博特的解法)不对,其中有错,如此等等,不一而足。有人认为我说的任何解答都必须走到(50,50),而且60号规则不起作用是错误的。这些指责令我相当紧张,但当我仔细一一检查时,却发现他们的任何一个责难都不成立,其中都存在错误。

下面我还是要利用文章中的记号,即数字下面加一短划表示要移动的那一支铅笔,右上角加个星号表示60号规则正在起作用。有位读者试图由(1,$\underline{7}$)(1,$\underline{26}$)(1,$\underline{55}$)($\underline{1}$,15)($\underline{9}$,15)(35,$\underline{15}$)(35,$\underline{40}$)……这样走下去,但他从(35,$\underline{15}$)走下去时,方框15中的指示是:"另一支铅笔是不是在编号正好可以被5整除的方框内?"这里的答案为"是",因而下一步应当是(35,5),不是(35,40)。

一个更有趣的错误出现在下列自称是本问题答案的走法中:($\underline{1}$,7)($\underline{2}$,7)(15,$\underline{7}$)(15,$\underline{26}$)($\underline{15}$,61)($\underline{40}$,61)($\underline{60}$,61)($\underline{25}$,61)*($\underline{7}$,61)*($\underline{26}$,61)*($\underline{61}$,61)*($\underline{1}$,61)*($\underline{2}$,61)*($\underline{15}$,61)*($\underline{40}$,61)*(65,$\underline{61}$)*($\underline{75}$,1),(50,1),COW。它的作者观察到,作为(65,$\underline{61}$)*到($\underline{75}$,1)的走动结果,60号规则并没有被取消。但这是明显的误解。如果你已经到达(65,61)*,而你选择要走动铅笔61,则由于60号规则尚在起作用,你应当忽视黑体字——即方框61的全部内容。这将使你走到(65,1),因为60号规则告诉你,对选定的铅笔要让它走"是"的路径。为了走到(75,1),你必须遵照方框61的

黑体字指示，它告诉你要移动两支铅笔——然而当60号规则还在起作用时，你是做不到的。

许多误解都因60号规则何时发挥作用而起。同所有其他的指示一样，仅当你选定要移动的铅笔指向那个方框时才起作用。当两支铅笔中的一支到达方框60时，它并不是立即起作用的，因为下一步你不一定选择移动它。阿博特的解答中有一步是从(26，60)走到(55，60)，这时60号规则是不起作用的。因为选定的是方框26中的铅笔，在那时，60号规则并未启动。我的这位来信者反对这种说法，他所持的理由是：方框60中有着"现在"这个词——不过这种说法只是相对而言。它指的是当你选择移动方框60中的那支铅笔的时候，在你作出选择之前它是不适用的。

答　案

在以下的数对中,底下划线的数字是你应该挑选的铅笔,角上的星号表示60号规则正在起作用。

(1, <u>7</u>) (<u>1</u>, 26) (<u>2</u>, 26) (<u>15</u>, 26) (26, <u>40</u>) (<u>26</u>, 60) (55, <u>60</u>) (<u>25</u>, 55)* (<u>7</u>, 55)* (<u>26</u>, 55)* (<u>55</u>, 61)* (<u>15</u>, 61)* (<u>40</u>, 61)* (61, <u>65</u>)* (<u>61</u>, 75) (1, <u>1</u>) (1, <u>9</u>) (<u>1</u>, 35) (<u>9</u>, 35) (35, <u>35</u>) (35, <u>40</u>) (35, <u>60</u>) (<u>25</u>, 35)* (<u>7</u>, 35)* (<u>26</u>, 35)* (35, <u>61</u>)* (<u>1</u>, 35)* (<u>9</u>, 35)* (<u>2</u>, 35)* (<u>15</u>, 35)* (5, <u>35</u>)* (<u>5</u>, 40)* (25, <u>40</u>)* (25, <u>65</u>)* (<u>25</u>, 75) (50, <u>75</u>) (50, <u>50</u>), COW。

从起点走到(61, 75)共需14步,阿博特猜想它是最短的。(你们有本事加以证明吗?)这段路程可能有几种不同走法。至于从(61, 75)到终点,走法就是唯一的了。仅有一处可作变动,即答案中的(25, 40)*可改为(5, 65)*,对大局无影响。

第 4 章
矩形棋盘上马的遍历路线

这是一个至少已有1200年历史的老问题：要求在国际象棋棋盘上移动一枚"马"，使它走遍每个格子。尽管已经有一批数学高手在这上面花费了大量心血，仍有很多情况不为我所知。即便是矩形棋盘也还有一些难解之谜。但有若干个重大问题在最近已被解决。

"马的遍历路线"问题是趣味数学中一个古老而受人喜爱的题材。要求让"马"这枚棋子在不同形状与大小的棋盘上走遍每一个格子,但每个格子只能造访一次,不准重复。倘若再追加一个要求,让马能回到出发点,则称该遍历路线是一条闭路(读者不妨回忆一下国际象棋中马的走法,它同中国象棋里的马极其类似,但自由度更大,可以不受"别腿"的限制)。图4.1给出了国际象棋棋盘上一条经典的马的遍历路线,它是由数学家棣莫弗(Abraham De Moivre)在1800年之前发现的,这条遍历路线不是闭路。为寻求闭路,人们考虑到也许不应受到8×8正方形棋盘的限制,随即迅速开展了其他形状棋盘的研究。

其实,马的遍历路线问题有着漫长的历史。早在公元9世纪,克什米尔的诗人鲁德拉塔(Rudrata)在他所写的梵文诗篇《诗庄严论》(Kavyclankara)中,就使用了一串重音作为密码,把4×8棋盘上马的遍历路线记录了下来(4×8棋盘恰好是国际象棋棋盘的一半)。明确的几何问题似乎发端于英国数学家泰勒(Brook Taylor),他在公元1700年前后提出了普通的8×8国际象棋棋盘上马的遍历路线问题;而第一个解答则是由德·蒙特穆脱(De Montmort)与棣莫弗寄给他的,这一解答后

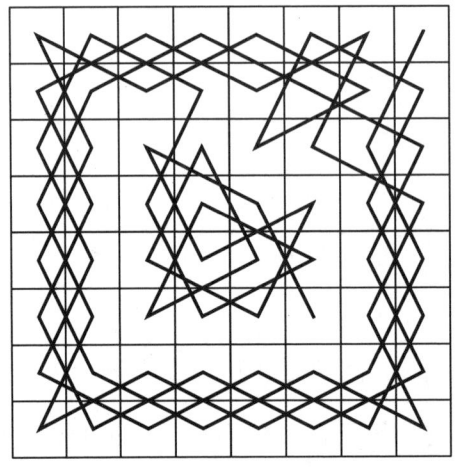

图4.1 棣莫弗研究出来的马的遍历路线

来被收入奥扎南(Jac ques Ozanam)所编的1803年版法语书《数学与物理游戏》(*Récréations Mathématiques et Physiques*)中。马的遍历路线的系统搜索方法由瓦恩斯多夫(H. C. Warnsdorff)在1823年首先发表。在此以后,该问题先后被推广到其他形状的棋盘、三维空间的棋盘,甚至无限大的棋盘。

有关遍历路线的文献数量十分庞大,但极为分散,其中包括一些经典名著,例如杜德尼(Henry Ernest Dudeney)的《亨利·杜德尼的数学趣题》(*Amusements in Mathematics*)、巴尔(Walter William Rouse Ball)原著并由加拿大考克斯特(Harold Scott MacDonald Coxeter)修订的《数学娱乐与随笔》(*Mathematical Recreations and Essays*)、克赖契克(Maurice Kraitchik)的《数学消遣》(*Mathematical Recreations*)等。然而,在1991年,任职于卡拉马祖市西密歇根大学的施文克(Allen J. Schwenk)注意

到，现存文献似乎都未能回答这样一个很自然的问题：究竟什么样的矩形棋盘才能产生一条马的遍历闭路？各式各样的文献出处都说施文克的问题早已被欧拉（Leonhard Euler）或范德蒙（Alexandre-Theophile Vandermonde）所解决，然而却无法提供具体的结果或证明。在上述文献中，克赖契克的书最接近于提供一个真正的解答，但他需要假设矩形的一边小于或等于7。至于巴尔的书，所讨论的仅仅局限于8×8的情况。杜德尼则给出了几个趣题，其中有的遍历路线可以归结为8×8的情形，但有一条遍历闭路是在8×8×8立方体表面上的。

无论从什么角度来看，施文克的看法都高人一筹。他的观点是，与其投入尘封的故纸堆里去追逐前人的成就，不如自己来找寻一个解答。于是他研究出了一种攻读数学的学生极易接受的解法，从而成了"离散数学"中一系列研究的源头。在除去了一些技术细节之后，任何人都能理解他的方法。我将在下文给出施文克解法的一些要点，需要全面了解它的读者自然可以去看书后所附的进阶读物。

从数学上看，马的遍历闭路可以归结为在图上找出一条"哈密顿回路"。而所谓"图"，就是由线段（边）连接起来的点（结点）的集合；哈密顿回路就是访问每一结点正好一次的闭合路线。对任意一个给定的棋盘，相应的作图法如下：在棋盘上每个格子的中心放上一个结点，凡是马走一步所能到达之处就用线段连接起来（见图4.2）。图上的结点有黑、白两种，分别对应原来棋盘上的黑格与白格。

不难看出，马在移动时，必然是从一种颜色的结点走到另一种颜色的结点，从而得知，在任何一条哈密顿回路中，结点的颜色必然是黑

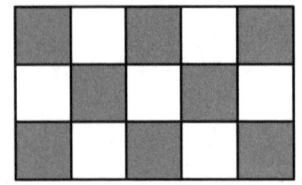 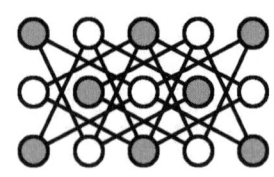

图4.2 一副棋盘及相应的马的可走路线

白交替的。这就意味着结点的总数必定是**偶数**。由于3×5棋盘有15个结点,而15是个奇数,因而我们可以证明(连试都不必去试),在3×5棋盘上决不存在马的遍历闭路。这一结论自然也适用于m、n均为奇数的任何一个$m×n$矩形棋盘。

数学圈子里的人把上述论证称为奇偶校验性证法,因它取决于奇、偶数的区别,而它对马的遍历路线问题的适用是显而易见的。一个名气较小却更加巧妙的奇偶校验性证法则是由戈隆布(Solomon Golomb)与波绍(Lonis Pósa)提出并进一步完善的,他们断言在任何4×n棋盘上不存在马的遍历闭路。在波绍的证法中,需要引进第二种着色方法,即棋盘的顶上一行与底下一行都必须涂上"红色",而中间两行要涂上"蓝色"(见图4.3);戈隆布的证法则需要把两种着色法结合起来。

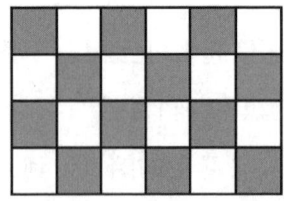 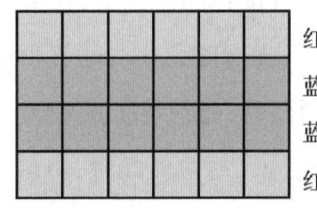

图4.3 戈隆布与波绍的着色证法

下面我就介绍他们的证法。现在,蓝点必须同红点相连的说法不再为真,因为有的蓝点也可以同蓝点相连。然而,每一个红点是必须同蓝点相连的。因而,任何设想中的哈密顿回路必然由蓝点链分隔的单个红点组成。但因红点个数与蓝点个数是一样的,所以在哈密顿回路中只能是红、蓝、红、蓝……这样的交替。可是我们不要忘记,在传统涂色法中,黑、白结点也是按这种方式交替的。因而,如果我们从图的左上角开始,只能得出这样的结论,即所有的红点都是黑点,而所有的蓝点都是白点。不过,由于两种着色法彼此独立,毫无瓜葛,上述结论显然荒谬可笑,于是设想中的哈密顿回路根本不可能存在。

基于以上证法,现在我们就可以说明施文克的美妙结论,它刻画了什么样的矩形棋盘上可以存在马的遍历闭路。一个 $m \times n$ 矩形棋盘(我们在这里取 $m \leq n$ 以免重复)存在着马的遍历闭路,但下列情况除外:

- m, n 均为奇数;
- $m = 1, 2$ 或 4;
- $m = 3, n = 4, 6$ 或 8。

下面让我来介绍一下简单证法。如上所述,我们已经解决了 m, n 均为奇数以及 $m = 4$ 的情况。容易看出,当 $m = 1$ 或 2 时,没有足够的空间可以提供给马来遍历。事实上,只有一条边可以同左上角的结点相连,因而不存在通过它的闭路。至于 3×4 棋盘的情况,只要用一下波绍证法就行。对 3×6 棋盘来说,请注意在第 3 列中除去顶上与底下的两个结点时,将把图形分割成三个互不连接的断片;而在哈密顿回路中除去两个结点时,总是会形成两个互不连接的断片。对3×8棋盘来说,证法将复杂得多,欲知详情,请参阅施文克的论文或者你自己亲自动手试一试。(如果你能对3×8棋盘找到一个简洁的、不存在马的遍历闭路的证法,请告诉本书作者。)

在证明了上述几种不可能情况之后,还需要证明在所有其他棋盘上,统统都有马的遍历闭路。关键在于:考虑遍历闭路中某些边的存在性,只要某些技术条件得到满足(见图4.4),一个$m×n$矩形棋盘上的遍历闭路总是可以推广到$m×(n+4)$的矩形中去。尤有甚者,对更大的棋盘来说,这些技术条件的满足不成问题,因而推广过程可以无限地延续下去。按照对称原理,$m×n$矩形中的一条遍历闭路也总是可以推广为$(m+4)×n$矩形的遍历闭路。

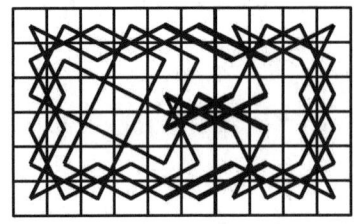

图4.4

对已存在的闭路(左边6×6棋盘上马的遍历闭路)添上4列,再加上图示的8条粗线交叉连接,以制造更大棋盘上的遍历闭路。

譬如说,如果我们从5×6矩形上的一条遍历闭路开始,那么我们就有把握找出5×10, 5×14, 9×6(从而就有6×9), 9×10, 9×14, 13×6, 13×10, 13×14等棋盘上的遍历闭路。每一个"初始大小"的矩形足以产生整整一族矩形,使马的遍历闭路的存在得到充分保证。现在,最后一步是要确定究竟需要多少个初始态的矩形。结果表明，9个初始态的矩形即已足够，这些棋盘的大小分别为：5×6，5×8，6×6，6×7，7×8，6×8，8×8，3×10与3×12（见图4.5）。在此之前，戈隆布曾解决了10×3棋盘上的遍历闭路问题。从这些图形出发，将它们转过一个直角，然后在每条边上反复不断地加上4的倍数，我们就能得出所有可能棋盘上的遍历闭路。证明到此结束，它是完整的。

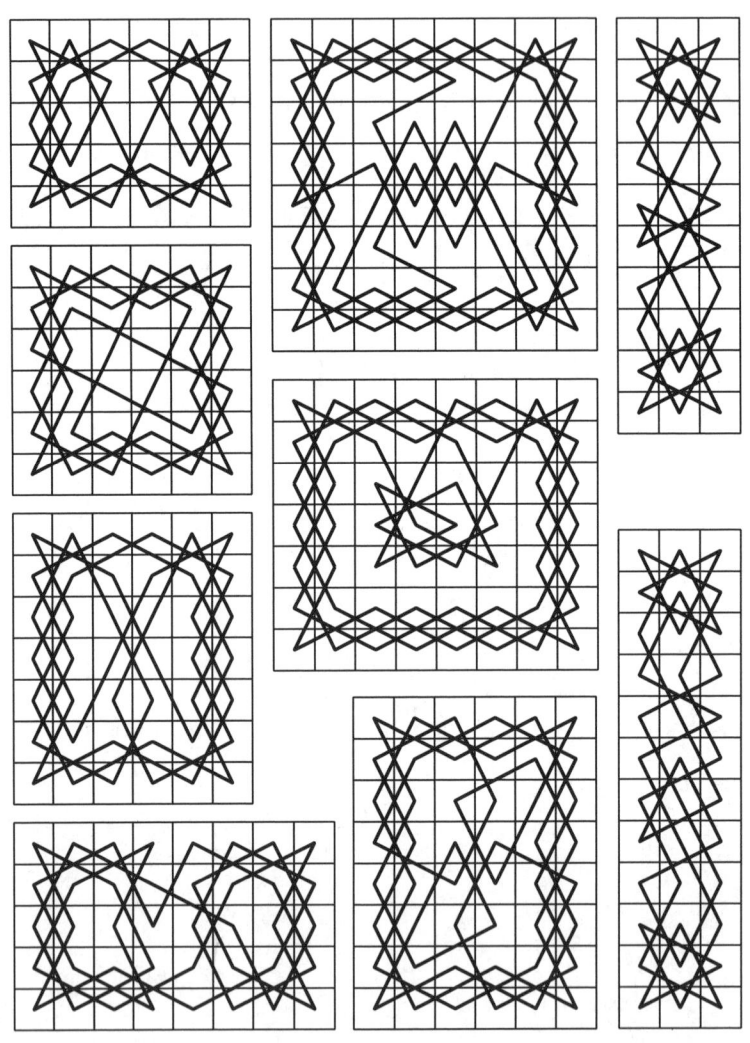

图 4.5 初始态下的遍历闭路,由此可生成所有其他情况下的遍历闭路

问 题

以下棋盘可以分别由哪些初始态棋盘扩大而来？

(1) 12×13

(2) 14×15

(3) 15×16

反馈信息

美国康涅狄格州西哈特福德市的坎贝尔（Andy Campbell）来信说：

> 我想起了一个古老的马步幻方问题。在 8×8 国际象棋盘上，如果把马的先后所到之处，填入数字 1 至 64，则马的遍历路线将形成一个幻方，即各行、各列以及对角线上数字之和都相等。不过，迄今为止，这样的遍历路线究竟是否存在，既未被证明，亦未被否定。

然而，我们已经知道几个"几乎全对"的答案。

除了对角线之外，各行、各列都具有幻方性质的方阵，称为"**半幻方**"。1882 年，弗朗科尼（E. Francony）曾经发现了一个马步半幻方（见图 4.6）。在那个半幻方中，所有行与列的幻和都等于 260，但两条对角线上的数之和却分别为 264 与 256。

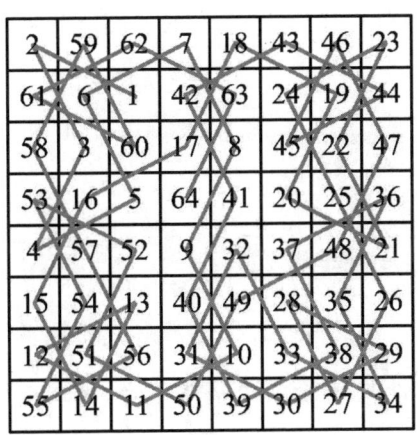

图4.6 马的遍历路线可形成一个半幻方

这个"几乎全对"的方阵理所当然地经受住了时间的考验。2003年,在经历了一番繁重计算(上机时间耗时两个月以上)之后,人们终于证明了不存在完全符合幻方定义的马的遍历路线。证明是通过分散计算来执行的,即志愿者们下载软件,然后利用他们自己的时间,在他们自己的计算机上去完成指定的任务。写程序的是梅里尼亚克(Jean Meyrignac),连接互联网的是施泰顿布林克(Günter Steitenbrink),在他的指挥下,志愿者们各自独立地进行工作并输送其结果。他们一共发现了140个不同的马步半幻方。在穷尽了全部可能性之后,最终肯定,完全符合幻方定义的遍历路线竟然一条都没有。

美国科罗拉多州丹佛市的乌尔默（Richard Ulmer）来信指出：

> 您的那条 6×6 遍历路线乃是具有 90°旋转对称性的 10 条遍历路线之一（见图 4.7），遍历路线的总数共有 9862 条。您曾说过，在 3×n 矩形棋盘上存在马的遍历闭路的 n 的最小值是 $n=10$。我计算了一下，在 3×10 棋盘上应该有 16 条遍历路线，3×11 棋盘上有 176 条，3×12 棋盘上有 1536 条……直至 3×42 棋盘上，不同遍历路线的总数可达骇人听闻的 107 141 489 725 900 544 条之多！我还算出，5×6 棋盘上有 8 个解，5×8

图 4.7　各条旋转对称遍历路线

棋盘上有44 202个解,而在5×10棋盘上则有13 311 268个解。

另外,还有一些对称方面的信息。例如,任何一条马的遍历路线都不可能具有对角线对称性。如果矩形的两边之长都是偶数,则所有的遍历路线都对主轴不对称。当矩形的垂直边长为奇数时,拥有水平对称性的遍历路线仍然是不可能的。不过,在某些棋盘上,具有对称性的遍历路线仍然有可能存在(见图4.8)。例如,当

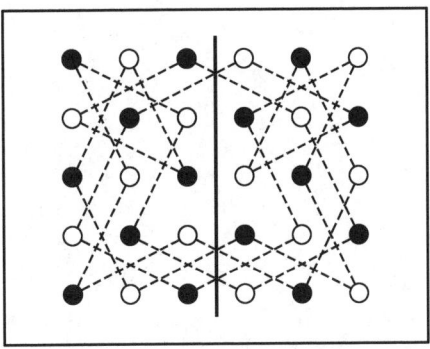

图4.8 棋盘上双向对称的马的遍历路线

矩形的一边之长为奇数,而另一边之长为奇数的两倍时。

目前,我猜想,除了极少数的例外情况,上述形状的矩形棋盘都具有翻转对称性。不过,这个猜想目前还没有被证明,从而为你们提供了一个值得研究的问题。

答　案

（1）5×8

（2）3×10 或 6×7

（3）3×12 或 7×8

第 5 章
挑绷子的挑战

你所需要的一切只是一卷绳子与一个朋友，朋友的作用是在你两只手实在不够用时帮你脱困。"挑绷子"不过是庞大的绳圈游戏中小小的一员，许多文化中都有。那么，数学与它又有什么瓜葛呢？

绳结与迷宫中的奶牛

本章谈论的是趣味数学中的一块小天地——事情可以追溯到我第一次写文章的时候——至今它尚未发展成熟,独立存在,但日后当然会有所改观。对传统的绳圈游戏(挑绷子①及其无数的变体),我想找到一套与时俱进的演算法。我将本着专栏文章的一贯宗旨,将此视为一种挑战,认真描述这种操作法应抓住的某些迹象,并在本章结尾的反馈信息中力求做到课题内容紧跟时代,同时也向读者说明此项挑战在前进道路上遇到了什么有利与不利的情况。

绳圈游戏出现在各种不同场合,其中也包括文艺作品。冯纳戈特(Kurt Vonnegut)有一本科幻小说《小猫的摇篮》(*Cat's Cradle*)。小说中,世界末日终于来临,所有的海洋都结了冰,处处都是冰-9,它是正常冰的一种假想的变体,在室温时是固体。冰-9是菲力克斯·洪尼克博士(Dr. Felix Hoenikker)所创造的,他把这种物质的一小片遗赠给了他的3个孩子安吉拉(Angela)、法兰克(Frank)与纽特(Newt)。菲力克斯是一位不称职的父亲——正是由于他的原因,一小片冰-9丢失了,

---

① 挑绷子又称挑绷绷、翻花绳,在西方被称为"小猫的摇篮",是一种用一根细绳来玩的游戏。通过手指的勾、挑、翻等动作,构成的图形不断变化。——译者注

终于使海洋、河流与大部分生物统统结成了冰。在书中的两个地方，作者冯纳戈特隐隐约约地提到了书名。先是小儿子纽特看到父亲菲力克斯借来一根绳子，用它做出了一只小猫的摇篮。"他突然走出了书房，做了一桩他以前从未干过的事情，"纽特接着说道，"他想同我一起玩。"但这个尝试可悲地失败了，然后，隔开很多篇幅之后，纽特解释了失败的原因：

"也许有十万年甚至更久，成年人老是在他们的孩子们面前摆弄着打结的绳圈……于是，毫无疑义，孩子们长大以后变得疯疯癫癫。什么小猫的摇篮，无非就是某些人手上的一串 X 吧，可是小孩子们却不断地在看……看……看，注视着所有的那些 X……"

"噢？还有别的吗？"

"根本没有该死的猫，也没有该死的摇篮。"

冯纳戈特的故事要由一个愤世嫉俗的人去读，而他的小儿子纽特再合适不过。然而，作者为纽特的童年苦难所作出的诊断，其病因也许并不能广泛应用。

绳圈游戏(挑绷子是其中最出名的一个)在许多种文明中都家喻户晓，已经持续了好多个世纪，孩子们同成年人一样，对它也很欣赏。当然，你需要有几分想象力，才能看到所谓的猫，至于摇篮嘛，那倒比较可信。

挑绷子游戏是大家很熟悉的玩意儿，但并不是每个人都能认识到该游戏的完整序列中包含着 8 个分立的图形。除此以外，无数其他图形也可以用类似的一般方式来构建，即双手手指间缠着简简单单的一卷绳子,然后将它们旋转扭曲。尽管绳圈游戏的图形缺乏明确的数学特征,它们却是能使任何一位趣味数学家深感兴趣的东西。它是几何、拓扑与组合学的神奇混合物。它向人们表明,绳圈的拓扑学从某种角度上看来让人无能为力,抓不住丰富的几何性质(例如形象等等)。对一位拓扑学家来说,将原先的绳圈经过一系列扭曲、缠绕等操作而得出来的一切形状与原来的东西在效果上完全一样,简直毫无差别。可是对几何学家来说,它们却是不同的——可能得出的图形又多又美,令人惊讶。

也许纽特是位拓扑学家吧。

我以为应当有可能为挑绷子游戏设计出一种程式化操作法,它有点像普通的代数,告诉人们怎样通过一系列不同种类的标准"动作",从原始的、毫无趣味的绳圈变成一些赏心悦目的图形。人们称之为纽结理论的学科——特别是其中的"编辫"学说——正是打算这样做的。不过,它的主要目标是想抓住两个拓扑同构的绳圈,然而,挑绷子游戏的演算操作法想抓的主要目标却是几何性质**不同**的两个拓扑同构的绳圈。

下面的操作法讲得非常详细,为了照章办事,你要事先准备好一根大约3英尺长①的柔软、光滑的绳子,两端结在一起成为一个封闭的圈。整个挑绷子游戏的系列操作如图5.1所示。要有两个玩家,如安吉拉与比尔,两人轮流从对方的手中接过绳圈。先是安吉拉做出摇篮[见图5.1(a)和(b)],这是序列中的一个基本操作,几乎每一步都要用,

---

① 1英尺相当于0.3048米。——译者注

现在是它的首次出现。比尔站在安吉拉的右边,下视图形,他看到了两个交叉;他捏住这两个交叉,一只手一个,把它们拉开[见图5.1(c)]。接着,他把绳子从图形的中心拉开,翻过外侧的边缘向下,再朝里,然后返回到中间的空档[见图5.1(d)]。在比尔拉开双手并隔开其大拇指

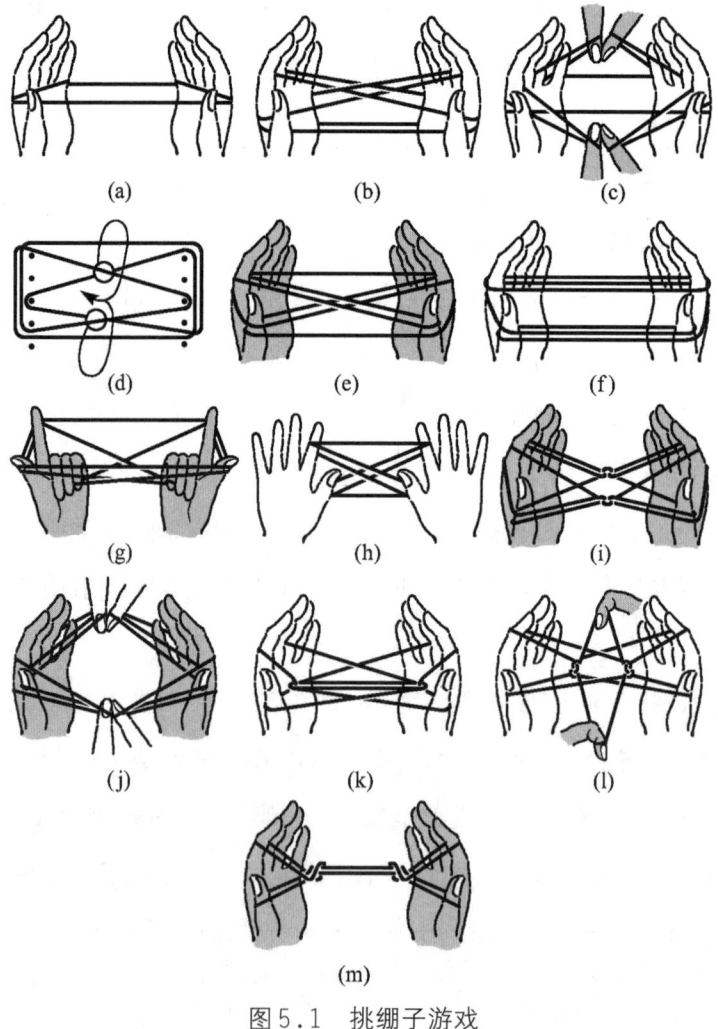

图 5.1 挑绷子游戏

与食指时,安吉拉松开了她手指间的绳圈,让它滑落。现在,比尔可以在他手里展示新的图形了[见图5.1(e)]。这个第二阶段的产物称为**士兵的床铺**。现在,如果安吉拉从这个第二阶段的产物开始,重演同样的操作,她就会得出第三个图形[见图5.1(f)],人们称之为**蜡烛**。

从蜡烛到第四个图形需要做一个新的动作。比尔先用他的小指拉开两根里侧的绳子,从下面穿过大拇指与食指,到达图形的中心。这个动作与基本操作颇为相似,但并未带走互相交叉的绳子。最后,比尔打开他的大拇指与食指,用弯曲手指的办法,抓住小指周围的绳圈,得到了图5.1(g),称为**马槽**。不妨在这里插一句数学的旁白,马槽同摇篮非常相似,然而却是上下颠倒了。因而,现在可将整个序列进行逆序操作。不过,传统的做法还是有着出人意料的转折。

从马槽开始,基本动作的另一次重复也要倒过来做(从下面,而不是从上面来取交叉线),这将导致——正如你的预期——上下颠倒的士兵的床铺[见图5.1(h)]。按照传统说法,这个图形(已经是第五个)称为**钻石**。由此出发,再重复做一次基本动作,但这次按通常办法进行,结果得出的图形称为**猫眼**[见图5.1(i)]。再略为不同地把它捡起来[见图5.1(j)],然后撤回双手,但不从下面回到中心了,由此得出的图形称为**碟子上的鱼**[见图5.1(k)]。

最后的图形比较难以捉摸。比尔先用他的小指隔开中间的绳子[见图5.1(l)],然后像通常一样捡起交叉的绳子,再将他的大拇指与食指向内向上,于是就得出了第八个图形,称为**时钟**[见图5.1(m)]。至于该图形何以会取这样一个怪名字,我毫不知情。在此场合,我不禁

同情起那个冷漠的纽特了。

如果你采用不同的动作,你也可以改变序列的顺序——例如可以从摇篮直接走到蜡烛,或者从士兵的床铺走到猫眼。一个有效的挑绷子操作应当能够处理所有的这类变化。

以上所说的全套序列对许多文明都是共同的,但名称却有很大差异,现在把它们的各种别名罗列于下:

- 摇篮:棺材盖、水。
- 士兵的床铺:象棋盘、山猫、教堂之窗、鱼池。
- 蜡烛:筷子、木底鞋、音乐器材、镜子。
- 马槽:颠倒的摇篮。
- 钻石:正方形。
- 猫眼:母牛的眼珠、马眼、钻石。
- 碟子上的鱼:音乐器材、磨米机。
- 时钟:令人惊讶的是,唯独这个与时钟几乎毫不相像的图形反而没有别的名称。

挑绷子游戏还有许多其他花样。作为可供选择的替代品之一,下面这个形状不必两人协作,只要一个人就能玩,但需要利用一系列更精心设计的操作。这个形状名叫**印度钻石**,它的起步很像小猫的摇篮,但两者并不完全相同。首先,从一个标准绳圈[见图5.2(a)]开始,用右手食指取绳,使之穿过左手掌心[见图5.2(b)],再用另一只手重复这个动作[见图5.2(c)]。接着,逐渐松开你的拇指,轻轻地、稳妥地拉开你的双手,再扭转你的双手,使掌心朝外。把你的大拇指伸向前,在所有的绳子底下穿过去,把它们勾起,放在小指的绳子之上,然后再扭回你的双手,拉住小指上的绳子朝向你自己[见图5.2(d)]。这一步动作虽然听上去很唬人,实际上却是极自然的。只要你动手试一下,你就会发现,你想捡起的绳子是极为顺手、显而易见的。

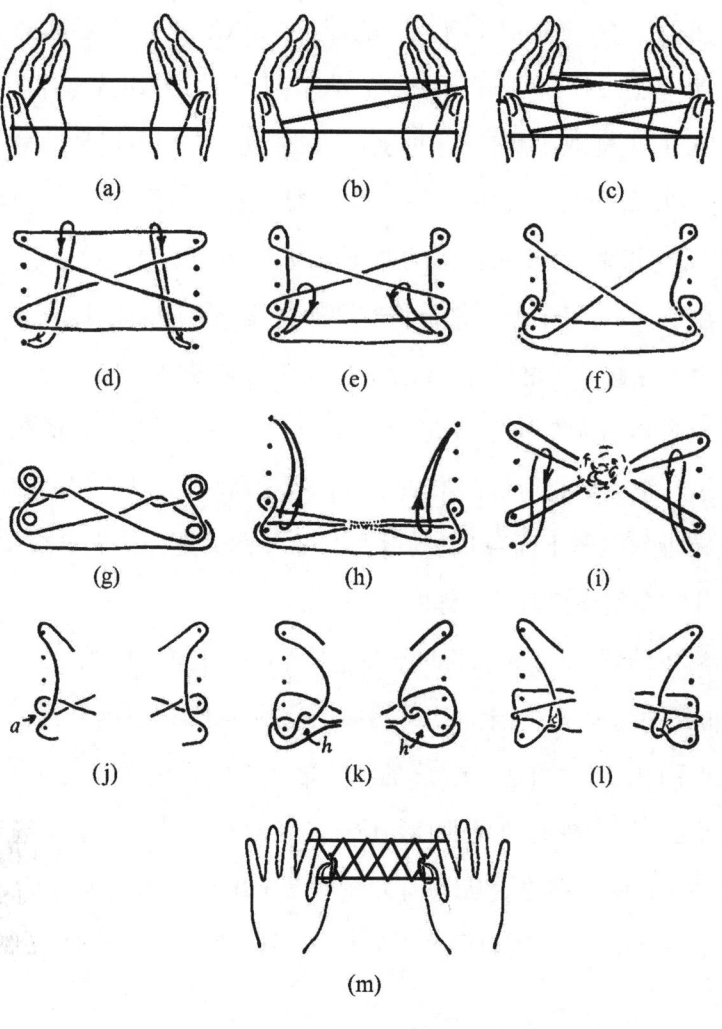

图 5.2　印度钻石

图 5.2(e)画出的，就是此时绳子的外观形状，以便下一步正确操作。把你的大拇指穿过最靠前面的绳子顶上，然后在下面一根绳子的底下穿过去，在拇指的背面把它们捡起来，从而得出图 5.2(f)。下一步，弯曲你的手指，缓缓拉开你的手，使绳圈从你的小指上滑落。结果[见图 5.2(g)]看上去似乎有点凌乱，但过此以后就会步入坦途，变得简单一些。图 5.2(h)表明了下一步的动作：把你的小指向着你自己弯曲，如你所愿，可把双手翻转，并将手指弯曲，放在它们所遇到的第一把绳子之上（从食指来说），并在此后（从大拇指来看）再放在下一根绳子之下（从大拇指来看）。现在，将小指伸直。

在这一步，每个大拇指上将有两个绳圈，你应当像以前一样，放它们自由。在这一步之后，绳子看上去简单得多了[见图 5.2(i)]，但它中部有一个相当混杂的纽结，由于它并无多大关系，就不值得花力气去说明了。把大拇指穿过两根绳子在食指上所作的线圈，然后在小指绳圈上较近的绳子下面穿过去，返回到你开始的地方。做这个动作时，你可能需要稍许扭曲一下你的双手。

现在，绳子看起来就像图 5.2(j)。下一步是非同寻常的。利用你右手的手指，挑起图上标志"a"的那一点的绳子，把它提升到左手大拇指的上面，距离大约是 1 英寸①的几分之一。然后再用另一只手重复上述动作。注意，挑起的绳子必须位于交叉处的小指之上。倘若这个动作你做得正确无误的话，最后你将到达图 5.2(k)所指出的状况——同上面讲过的情况一样，我们再次省略了中间那个很棘手的部分的细节。

---

① 1 英寸相当于 0.0254 米。——译者注

讲得差不多了。最后一步的操作，做比说容易。让你的两只大拇指相对，将它们穿过图5.2(k)上标志"h"的洞孔。向下，再向上提到靠近的一边。然后，把你的食指插入图5.2(l)上标志"k"的洞。小心翼翼地把绳子从小指上滑落，再转动你的两只手掌使之向外，慢慢地把绳子伸展开来。经过一番艰苦探索与动手实践，最终会得出图5.2(m)——印度钻石。于是，大功告成。

以上介绍的两个实例只不过是抓住了绳圈游戏图形的一点皮毛，如果你想了解更多内容，请参阅杰恩(Caroline Jayne)的著作《绳圈图形及其制作法》(*String Figures and How to Make Them*)。

反馈信息

《国际绳圈图形协会期刊》(*International String Figure Association*)的编辑舍曼(Mark A. Sherman)送给我几份该杂志与其前身出版物,上面刊载着此领域中一些领军人物所写的文章。其中有斯托勒(Tom Storer)主编的《国际绳圈图形协会期刊》的一期特刊,以及舍曼、丹东(Joseph D'Antoni)、宍户由纪夫(ゆきお・しして)、墨菲(James R. Murphy)等人在该期刊上所写的一些文章。完整的参考文献在本书的进阶读物中可以查到。

数学气息最浓厚的反馈信息来自普罗伯特(Martin J. Probert),他在互联网上提供了一系列有关材料。在他所取得的成果中,列出了一种办法,除了可以用来分析交叉处的绳子何者在上、何者在下的不同之外,还可以用来分析其他相似的绳圈图形。此外,还有关于图案的基本单元——绳圈图形中一些共同的亚结构——的若干想法。网站中还有一些新发现的绳圈图形,例如2002年才发现的"莫名其妙的东西"与"爱丽丝漫游奇境记"。

第 6 章
用玻璃吹制克莱因瓶

拓扑学被称为橡皮上的几何学,可是大多数数学家不喜欢用超级计算机,而宁愿使用传统工具——粉笔与黑板对它进行研究。然而,本纳特(Alan Bennett)采取了与众不同的方法。他喜欢用玻璃制造各种东西,甚至用它来证明定理。

大约12年或更多年以前,来自贝德福市的吹玻璃技工本纳特被拓扑学中的一些神奇形状——默比乌斯带、克莱因瓶以及诸如此类的东西迷得神魂颠倒,他发现了一个奇异的难解之谜。解决它的途径五花八门,数学家想到了计算,艺术家想到了图画,本纳特却马上想到了他最熟悉的材料,打算用玻璃来制造。果然是天遂人愿,他的一系列非凡珍品(凝聚在玻璃之中的研究成果)终于成了英国伦敦科学博物馆中的永久性展品。

　　不妨回顾一下,拓扑学家们研究的是图形在经过拉伸、扭转或其他变形后的不变性质——唯一的限制条件是这些变换必须是连续的,即图形不能经受永久性的撕裂或剪裁。然而,还有一种可能性,我以前在讲拓扑学时没有提到,这是由于当时关系不大,那就是把图形暂时剪裁一下是可以允许的,只要以后重新黏合起来,关键是原先邻接的各点仍然应该相互邻接。这个约定——对"连续变换"这一术语所作的通俗解释——不仅仅是表面上的一种**特定**制约,而且让数学家可以按几何图形本身的属性来处理问题,无须考虑其周围的空间。拓扑的性质中包含连通性:图形的形状是连成一块的,还是有好几块?别的拓扑性质还有很多,譬如说,里面有没有洞?若是有的话,那是什么性质的洞?

纽结与连环处理起来就要棘手得多。它们当然也有拓扑性质,但在提出数学概念时必须明确地把其周围的空间考虑进去。打结的闭环与不打结的闭环是拓扑等价的——你要做的是剪断闭环,把结解开,然后再把剪开的部位重新连接起来。然而,打结的闭环与不打结的闭环在空间内的存在方式是不一样的,没有办法通过整个空间的拓扑变形,使打结的闭环变成不打结的,即使可以允许剪开与重新黏合也不行——因为你必须剪开与黏合的是整个空间,而不光是闭环。

拓扑学在数学里是一个相对新鲜的事物。经过了早期的一段历史发展后,法国大数学家庞加莱(Henri Poincaré)在100多年前引入了若干基本代数技巧,使它凭借其本身的性质崭露头角。现在,拓扑学的触角几乎遍及现代数学的任何一个分支,不论是纯数学还是应用数学。例如,在天体力学中,研究多个天体在引力作用下的运动,分析各种可能的运动以及区分不同种类的碰撞,拓扑学都已经是不可或缺的工具。

初看上去,人们最熟悉的拓扑图形不过是些奇异的儿童玩具,但实际上有着深刻的内涵。例如默比乌斯带,你做起来很方便,只要拿一条长纸条,扭转一下之后,把两头粘起来就行。在整个这一章,我们所说的"扭转一下"是指扭转180°。不过,有时候人们也把这种操作称为"扭一半"。默比乌斯带只有一个面,是最简单的单侧曲面。倘若两位油漆工打算在默比乌斯带上刷油漆,一面刷红色、一面刷蓝色,他们最终会互相碰头。但如果在中空的球面上做同样的事情,譬如说,在球的外表面涂红色、内表面涂蓝色,就不会产生这样的问题。因为球是双侧曲面,而默比乌斯带却不是。你很快会一次次再遇见它的。

如果把纸条扭上好几转,那么你就会得到默比乌斯带的各种变形。对拓扑学家来说,主要区别在于扭转了奇数次还是偶数次,前者会导致单侧曲面,而后者则会导致双侧曲面。凡是由奇数次扭转产生的曲面,本质上是与默比乌斯带拓扑等价的。要想知道为什么,你只要剪断纸带,只留下一次扭转,然后将剪断处重新连接起来。由于你去掉了偶数次的扭转,在剪断的边缘处,原先相互接近的点仍可黏合在一起。然而,对偶数次扭转来说,这种情况就不会出现,因为断口的一侧是被翻转后再与另一侧黏合在一起的。

出于同样的原因,凡是由偶数次扭转做成的纸带都与常见的没有扭转过的长条纸带拓扑等价。不过,扭转的确切次数也具有相当重要的拓扑特性,因为纸带所处的周围空间的情况必将有所改变。这里有两种性质不一样的问题,其一涉及纸带的内在几何性质,其二则与纸带嵌入其周围空间的状况有关。前者取决于扭转次数的奇偶性,而后者则取决于扭转的确切次数。

默比乌斯带有一个边界,即没有黏合在一起的那些纸带的边。球是没有边界的。单侧曲面能不能没有边界呢?情况表明,答案是肯定的,其中一个著名的例子就是克莱因瓶(见图6.1)。图中,一个"茶壶嘴"或"瓶颈"被弯成圆形,穿过了克莱因瓶的表面,在内侧同瓶的主要部分连成一气。在这种表示法中,克莱因瓶与其自身相交于一个较小

图6.1 克莱因瓶

的圆形曲线。当然,在思考理想的克莱因瓶时,拓扑学家可以无视这个截痕,因为这是当埋置在其中的周围空间是三维时必然会形成的产物。除非瓶子能穿过自身,这类曲面在三维空间是不可能存在的。对于拓扑学家来说,这不成为问题,因为他们可以海阔天空地想象高维空间中的曲面,甚至不存在任何周围空间的曲面。可是对模型制作者或吹玻璃技工来说,那可是个回避不过去的障碍。

现在让我们来想象一下克莱因瓶的油漆问题。你可以从较大的、有点像灯泡的"外面"开始,一直油漆到狭隘的"瓶颈"。当要穿过自身相交部分时,你可以暂且佯装不知,继续沿着"瓶颈"刷下去,但你实际上却已经到了"灯泡"的内部。当你打开瓶颈,与灯泡连接起来时,你将发现自己是在油漆"灯泡"的**内侧**!克莱因瓶的内侧与外侧不动声色地连接在了一起:它真是货真价实的单侧曲面。

本纳特曾听人说过,如果沿着一条合适的曲线切割克莱因瓶,它将分离开来,变成两条默比乌斯带。他真的用玻璃来验证了这个事实(见图6.2)。如果你用一个普通空间里的克莱因瓶来做这件事,这两条

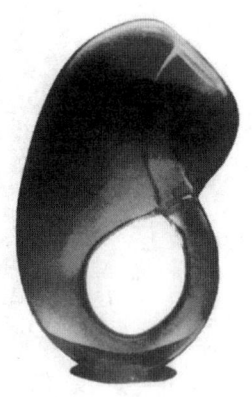

图6.2 玻璃吹出来的克莱因瓶

默比乌斯带都只有1次扭转,见图6.3(a)和(b)。那么,要想得出两条扭了3圈的默比乌斯带,应该切割什么形状的图形呢?他默默思考着这个问题。为此,他用玻璃制作了一大堆奇形怪状的东西,然后加以切割,看看究竟能够得出些什么。他写道:

> 我一贯想通过最实际的办法来解决难题。我发现,只要对基本概念作出足够多的变形,或者收集了足够多的资料,那么问题的最合乎逻辑的或最明显的解答通常就变得显而易见了。此时,只要坚持为数极少的几条限制性原则即可。我开始设计、制造各种形状的单侧曲面的玻璃器皿。最基本的克莱因瓶很容易通过扩展与变形,造出许多奇形怪状的东西。但我的意图是想走得更远,形成新的概念。就我所知,我的设计是全然创新的,即便如此,它们仍然有迹可循,可以回归到克莱因原创的瓶子。

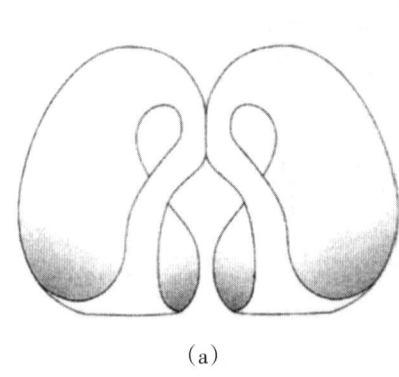 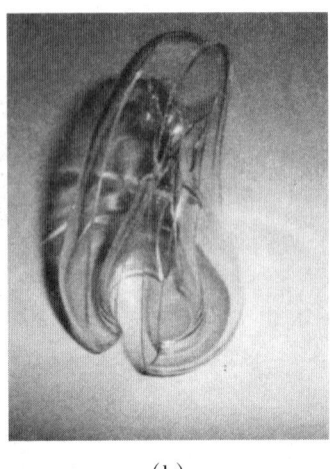

(a) (b)

图6.3 把克莱因瓶切割成两条默比乌斯带
(a)数学上的表示;(b)玻璃制作的实物

由于本纳特想找出扭了3转的默比乌斯带,他对涉及3次的各式各样的变化进行了试探——例如有3个瓶颈的瓶子(见图6.4),以及令人咋舌的3个瓶子的嵌套组合(见图6.5)。他堆起了3个瓶子,把一个放在另一个的顶上,然后又将这样的3个瓶子连成一体。他边做边想,思考着:如果切割这些东西,将会产生什么情况?为了验证结果,他甚至不惜采用金刚钻锯子来作切割工具。他开始用心灵之眼去"观看",应该沿着什么样的曲线去切割才能产生默比乌斯带。然而,扭转3次的带子是非常难以捉摸的,极难把它抓住。

最后,本纳特总算有了突破,吹出了一只奇妙无比的瓶子,它的瓶颈绕了两圈,出现了3次自相交的形状。根据神话传说中的怪鸟奥斯勒姆(Ouslam),他将这种器皿称为"奥斯勒姆容器"(见图6.6)。这种怪鸟在空中飞行时总在转圈子,然而圈子越来越小,直至最终连它自己的尾影也

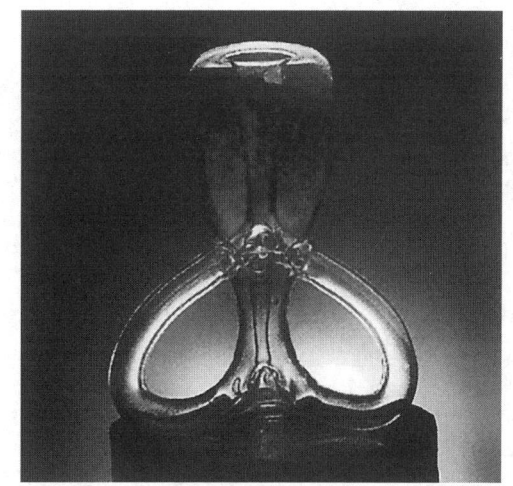

图6.4

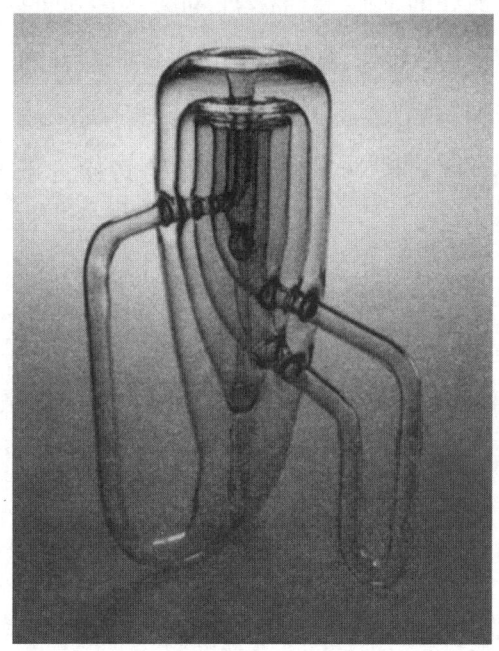

图6.5

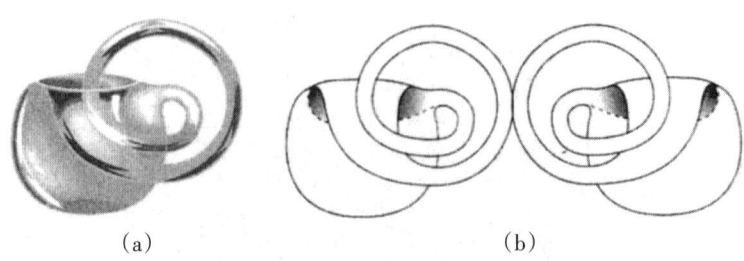

(a)　　　　　　　　　(b)

图6.6　奥斯勒姆容器

(a)容器的瓶颈绕了两圈;(b)按图切开后,它将分离成两条扭转了3次的默比乌斯带

一起消失。奥斯勒姆这个英语单词,有时也拼为Oozalum或Oozlum。

如果把奥斯勒姆容器从中间垂直切开,通过它的左右对称平面——即插图所在的纸面——那么它将分成两条扭转了3次的默比乌斯带。问题终于获得圆满解决!但这仅仅是个开始。同任何其他数学家一样,本纳特现在准备再大干一场。能否造出扭转5次的默比乌斯带呢?扭转7次的带子又如何呢?扭转19次的带子有可能吗?其一般原理是什么?

图6.6所示的结果可以推广。本纳特发现,多绕一圈,就能得出扭转5次的默比乌斯带。只要每多绕一圈,得出的带子就会多扭转2次。

然后,他又进一步简化了设计,把产品做得更加坚实,造出了螺旋形的克莱因瓶(见图6.7)。这件器皿经过切割之后可以得到两条扭转7次的默比乌斯带——每增加一次螺旋回转,所得到的默比乌斯带就会多扭转2次。

认识到螺旋形回转的意义之后,本纳特猛然醒悟:他只要"解开"螺旋(朝反方向回转),就能回到原来的克莱因瓶。沿着螺旋形克莱因瓶的曲线所作的切割亦能引起类似的变换。当瓶子的螺旋形颈部被"解开"时,切割曲线被扭转了起来。由此可见,如果你沿着一条螺旋线去切割普通的克莱因瓶(见图6.8),那么就能如愿以偿,得到你所想要的扭转次数——就本图而言为9次。

图6.7 螺旋形的克莱因瓶

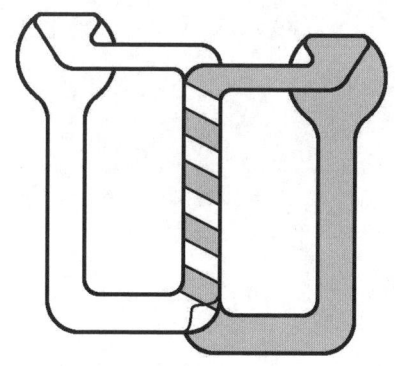

图6.8 沿着一条螺旋线切割普通的克莱因瓶

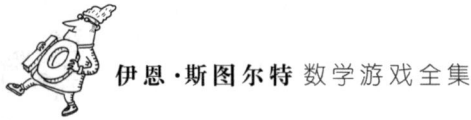

问　题

　　现在,让我再来说一个最后的惊喜。对这项工程而言,最早的契机是要切割克莱因瓶以得出两条扭转了一次的默比乌斯带。但是事实上,你也可以沿着一条不同的曲线去切割克莱因瓶,使结果只是**单一**的默比乌斯带。你知道应该怎么去做吗?

反馈信息

美国蒙大拿州比林斯市的亨里克逊(Robert L. Henrickson)提供了用陶制作的同类瓶子的若干令人振奋的信息。

你是否知道,由小安得逊(Herbert C. Anderson Jr.)撰写、耶拿出版公司1979年出版的《史蒂文森的生平、时代与艺术》(The Life, The Times, and the Art of Branson Graves Stevenson)一书中提到了一件轶事:"史蒂文森为了应对他的数学家儿子梅纳特的挑战,利用德国数学家克莱因的拓扑学思想制造了他的第一只克莱因瓶。然而,他的第一次尝试失败了。后来他做了一个梦,梦见著名的英国陶器工艺大师威基伍德(Wedgewood)教他如何制作克莱因瓶。按照他的教导,史蒂文森取得了成功!"

这桩事情大约发生在50年之前。书中还附了一幅陶制克莱因瓶的插图。它有一个茶壶嘴,不过从拓扑学上来说这并不是必要的。史蒂文森把它视为说明潜意识力量的一项证据。他对陶器工艺的研究,为蒙大拿州海伦那市阿契奇·布雷基金会①的建立作出了贡献。

---

① 今日美国最重要的陶瓷专属艺术基金会,非营利性公共陶艺发展机构。——译者注

答　案

图6.9表明,本纳特怎样沿着一条不同的曲线去切割克莱因瓶,以得出单一的默比乌斯带。

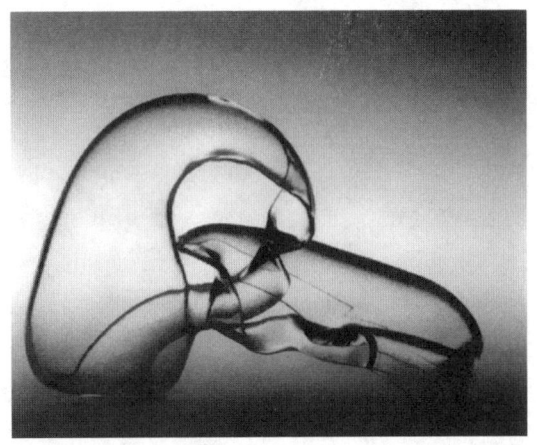

图6.9　怎样切割克莱因瓶以得出单一的默比乌斯带

第 1 章
水泥浇成的各种关系

艺术与科学看上去似乎大相径庭，但不时总有一些艺术家在绘画、舞蹈、雕塑等作品中体现出重要的科学思想。卡伦（Jonathan Callan）的神奇坑洞景观作品的依据是水泥的物理性质。但数学也与它相距不远。

绳结与迷宫中的奶牛

威望卓著的科学杂志《自然》(Nature)力图将高深的科学研究同新闻传播的特色巧妙地结合起来。例如,沃森(James Watson)与克里克(Francis Crick)在这家杂志上发表了他们有重大历史意义的论文"核酸的分子结构"(Molecular Structure of Nucleic Acids)。作为定期刊出的一个专栏,由艺术史专家肯普(Martin Kemp)执笔的文章已经持续了相当长的时间。在1997年12月11日的那一期上,他描述了一位名叫卡伦的伦敦艺术家所拍摄的引人注目的景观照片。传统的景观照片一般都是自然风光,可是卡伦的作品却有点像雕塑。这种景观很奇异,与地球上所能见到的任何景色都不一样。它们是把水泥倾倒在一块任意钻了许多洞孔的木板上而产生的三维形象(见图7.1)。

肯普是牛津大学艺术史系专门从事研究工作的退休名誉教授,他把卡伦的雕塑作品同沙堆复杂性理论以及"自组织临界性"的研究工作联系了起来。在写给编者的一封信中,爱丁堡皇家天文台的韦伯斯特(Adrian Webster)指出,卡伦景观的奇异几何性质可以用数学中的一个很经典的古老分支——沃罗诺伊单元理论去认识理解。他还用卡伦景观中的沃罗诺伊单元说明了当代天文学中的一大发现,即宇宙中物质的泡沫状分布。

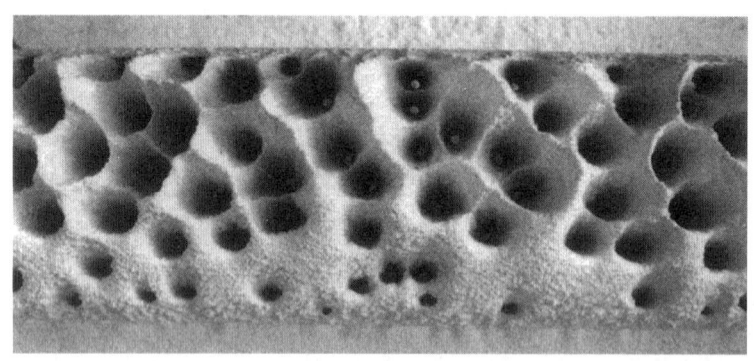

图7.1　卡伦的奇异景观之一

如果真的有什么数学、艺术与科学相互结合的佳例,那无疑就是它了。

肯普指出,艺术家们在其工作中总是依靠一些物理与化学过程——古典雕塑品中岩石的裂痕、颜料的性质,乃至青铜制品中熔融的液态金属的流动。传统艺术家们的工艺历来都是力图控制这些物理、化学过程,从而使这些媒质以符合他们愿望的方式发挥作用。卡伦则不然,他属于一个人数要少得多的现代艺术家的团队。他们允许媒质的物理、化学过程自由决定作品的主要艺术特征,也就是肯普所谓的"形态的自由演变"。引起《自然》杂志注意的这一系列特殊作品,开始时都是一些任意钻了许多洞孔的曲面。然后,艺术家将筛过的水泥粉均匀地撒到表面上,有的水泥通过洞孔流失了,但在距离洞孔较远的地方,水泥粉堆积起来形成了一些奇形怪状的山峰,而围绕着中间的洞孔,则出现了样子像火山口的陷坑。

卡伦把出现的结果作了如下的描述:"一种变性的地质原理,沉积矿床的原理,又像是河口的淤泥……如此奇妙的地理景观,既非常'自然',又高度'人为',两者兼而有之——犹如一座新出现的阿尔卑斯山。"肯普还注意到,似有某种一般性原理在掌控着卡伦的奇异景观——譬如说,最高的山峰出现在距离洞孔最远的地方。

韦伯斯特的研究工作正是要解释这些规律。

土木工程师们老是要同泥土打交道——例如,他们的建筑物要在上面长久安置。铺设软泥的道路也需要彻底了解颗粒状物质(泥土、黄沙、水泥等)的性质。最简单与最重要的是所谓"临界角"的存在。根据颗粒状物质的不同特性,存在着一个最陡的斜坡,使之能维持而不崩坍。这样的斜坡,其角度是一个常量,即所谓临界角。倘若你把颗粒物质堆放得越来越高,并在一个较高的地方继续以细流的形式倾泻而下时,斜坡的角度就会越来越大,直至达到临界角为止。此时如果再继续倾倒,多余的颗粒物就会滚落下来,犹如"雪崩",从而出现或大或小的土堆,每一个都复原了临界角。就这种最简单的模型而言,"稳定态"的形状是一个圆锥,其斜坡的角度正好等于临界角[见图7.2(a)]。

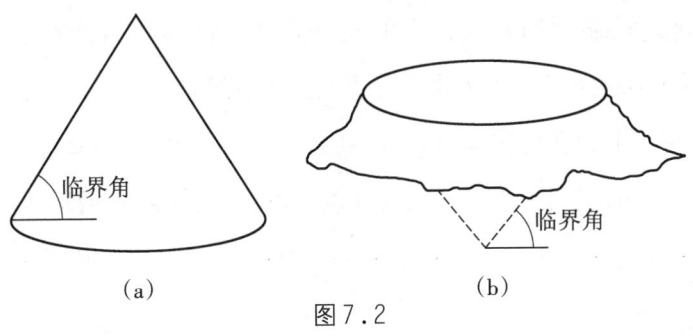

图7.2

(a) 圆锥状沙堆;(b) 倒置的圆锥状"火山口"

专攻复杂性的学者们研究了斜坡取得此种形状的过程,以及与之俱来的、大大小小的"雪崩"土堆的性质。丹麦物理学家巴克(Per Bak)为这类过程取了一个专门名词,叫做"自组织临界性",他还认为这些东西可以用来模拟自然界的许多重要特征,尤其是演化过程(此时的"雪崩"就不是泥土颗粒了,而是生物的整个种族,土堆则变成了潜在有机体的虚拟空间)。一个真正的沙土堆远远要比工程师的圆锥、巴克的雪崩复杂得多,但把它用作比拟,还是颇有用处的。

作为韦伯斯特研究工作的起步,他注意到在卡伦的艺术作品中,洞孔周围的水泥粉结构是与工程师的圆锥形土堆"互补"的。考虑只有一个洞孔的水平木板,在洞孔的四周,每一个方向上都有水泥粉以临界角度隆起,形成一个倒置的圆锥形凹陷,向下的圆锥顶点正好位于洞孔中心[见图7.2(b)]。这些倒置的圆锥便是那些火山口、坑洞或峡谷,它们构成了卡伦的奇异景观。在这个简单的模型中,它们的坡度也都等于临界角。

如果有好几个洞孔,几何性质又将如何改变呢?现在,关键在于,像瀑布一样自天而降的水泥粉将滚下斜坡,落进洞孔里,然后再穿洞而出,落到最靠近原始撞击点的地方。如果所有的斜坡都取同样角度,结果就必然如此,从而就有可能预测出圆锥形火山口的边界应该在哪里。在每个洞孔的四周,把木板划分成若干个区域,使其中所有各点与所选洞孔的距离小于它们同其他洞孔的距离,这就叫做洞孔的"影响圈"——不过它不是一个球[1],而是一个多边形。如果木板是水平放置

---

[1] 在英语中,势力范围(影响圈)与球是同一个单词sphere。——译者注

的,那么这些区域的边界将直接位于相邻火山口的共同边界之中。

描述这些区域的另一种办法是先选好一对洞孔,然后在两个洞孔的中心之间画一条连线,把连线二等分,再从平分点处引一直线,成直角相交。也就是说,作出一条两点(分别视为两个洞孔的中心)连线的垂直平分线。下面对每两个洞孔都重复同样的步骤,从而得出许多条直线所组成的一个网络。最后,就每一个洞孔,找出由网络中的线段围成的、包含此洞孔在内的最小凸区域,这个区域就是对应于所选洞孔的**沃罗诺伊单元**(见图7.3)。总而言之,每个洞孔都被唯一的沃罗诺伊单元环绕着,所有的沃罗诺伊单元一起铺满了整个平面。

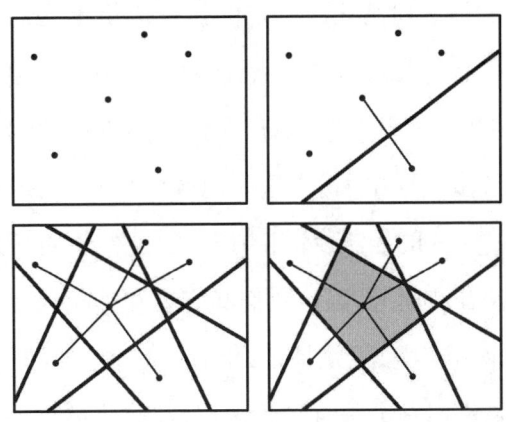

图7.3　怎样导出一个沃罗诺伊单元

沃罗诺伊(George Voronoi)是一位俄罗斯数学家。在1900年左右,他以数论研究与多维空间镶嵌而闻名于世。在他之前,一些晶体学家也曾有过与他类似的想法。沃罗诺伊单元还有许多别名——狄利克雷(DiriChlet)域、布里卢安(Brillouin)区、威格纳-塞茨(Wigner-Seitz)单元,这些人在其他地方又互相独立地重新发现了它。第一个给它下定义并在技术意义上研究过它的人看来是数学家狄利克雷(Peter Lejcune Dirichlet),他在1850年把它应用于数论研究,但笛卡儿(René Descartes)早在1644年就非正式地用过它。1854年,英国医生斯诺(John Snow)在他著名的霍乱病研究中用了一幅沃罗诺伊图,用来说明罹患此病而丧生的人,大多数都生活在百老得街的水泵附近——不是别处的水泵——这意味着来自该处的水受到了严重污染。

沃罗诺伊单元的几何性质,一旦同沙土堆的临界角相结合,就足以说明在倒置的圆锥中,卡伦的火山口是以同样的临界角耸峙的。它们的会合处位于一系列洞孔所确定的沃罗诺伊单元的各边之上。这种几何性质有一个令人愉快的结果,即两个斜坡是沿着一个恰当界定的山脊相交的,融合得很光滑,不存在强烈的不连续性。另一个较不明显的特征亦可由此导出,就是这些山脊的形状,火山口正是在那里与其邻居汇合成一气的。沃罗诺伊在论文中提到,由于两个倒置的圆锥以同样的角度耸峙而起,因而它们必定要在连接顶点的直线的垂直平分线的上方垂直相交,也就是说,山脊一定位于沃罗诺伊单元的边界正上方。如果你用一个垂直平面去切割圆锥,你将得到何种形状的曲线呢?古希腊人已经知道,答案是一条双曲线(见图7.4)。这个事实有助于理解卡伦的景观图何以如此崎岖不平,因为在3个沃罗诺伊单元相遇之处,我们可以观察到3条陡然升起的双曲线在此相交。

这些与星系团又有什么联系呢?天文学家们已经发现,宇宙间的物质并不是均匀分布的,而是成群结团,形成松散的集合体,纠结成一

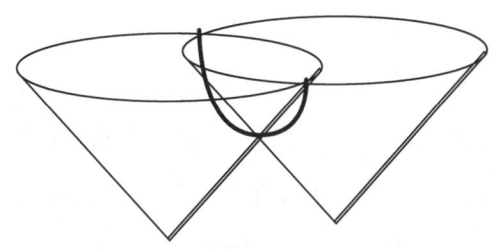

图7.4 卡伦的火山口沿着双曲线状的山脊相交

条条的纤维状结构,围绕着巨洞(见图7.5)。在这一过程的理论模型中包含了三维空间中的沃罗诺伊单元,但卡伦的洞孔则被改换成了质

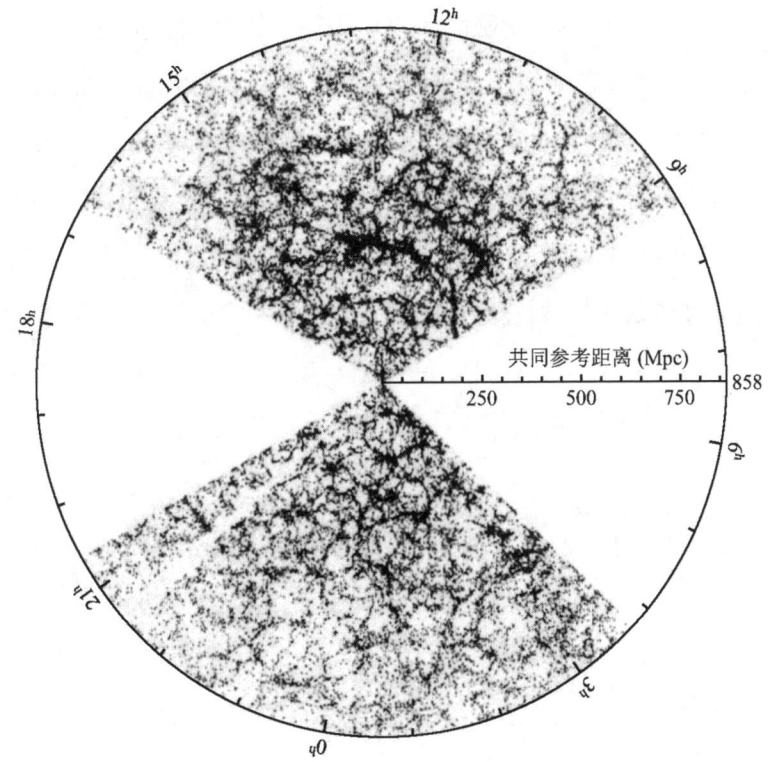

图7.5 星系团的分布,伴随着它们的是巨洞,Mpc为百万秒差距

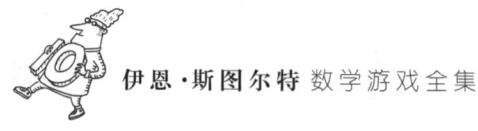

点。众所周知,在平面上,两点连线的垂直平分线是一条直线,但在空间中它变成了平面。现在把每两个点的垂直平分面统统画出来,则所谓沃罗诺伊单元便是由这些平面的一部分围成的最小的凸域。它是一个多面体,在通俗易懂的、能解释宇宙物质分布的沃罗诺伊"泡沫模型"中,星系只出现在相邻的沃罗诺伊单元的分界面上。

存在着一种类比——尽管松散又不严格,但还是颇有说服力——它就是卡伦景观中水泥粉的分布。在那里,水泥沿着沃罗诺伊单元的边界堆积得最高。在宇宙空间中则表现为物质沿着这些边界最为**密集**。由于引力的作用,稠密区的物质把附近的物质拉向它们,从而使沿着沃罗诺伊边界的物质越来越稠密。如果卡伦的水泥施加的引力能够克服水泥颗粒之间的摩擦力,那么这些组成颗粒必定也会同上述情况一样,迁移到由沃罗诺伊边界所决定的多边形泡沫状网络中去。由此可见,这一简单的想法,在宇宙物质的分布问题上,把一些引人注目的艺术、精致的数学、深刻的物理,全都囊括了进去。

反馈信息

我曾经把卡伦的奇异景观说成是完全不像已知世界中的任何东西,现在我想应该撤销这种说法了。因为此种景观与NASA(美国宇航局)在土卫七的表面上所拍摄的照片有着惊人的类似(见图7.6)。在我写这篇文章时,土星已被检测到有61颗卫星,其中53颗已经获得确认,并且有了正式名称。土卫七是否很像一个被尘埃覆盖的海绵,灰尘落进下面岩石的洞孔中去了?由于这颗卫星的重力极小,临界角将极为陡峻,看来这是同图像中所见的形状颇为吻合的。

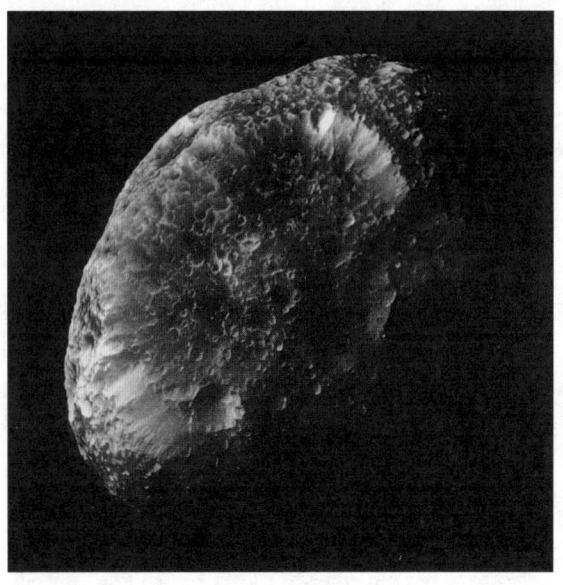

图7.6 土星的卫星土卫七(感谢NASA同意转载)

第 8 章
绳结新探，硕果累累

绳结的常规拓扑学研究并没有抓住它们的更接近实际的方面,例如绳子的粗细、摩擦力的存在等。心中有了这些特征之后,就会导致一种新学说的创立,这种新学说研究的是真实的绳索是如何打结的。

不到一个世纪，纽结数学已从一种微不足道的猎奇琐事一跃成为研究工作的一大领域，位于数学主流的前沿地带。纽结以其最纯正的形式体现了拓扑学中的一个重大问题：要求人们彻底弄明白把一个几何图形放到另一个中去时，究竟有多少种不同方法。就纽结的情形来说，其中之一是圆，它代表绳子构成的一个闭合回路，另一个几何图形则是整个三维空间。迄今为止，拓扑学家们大都认为，纽结就是"嵌入"三维空间中的一个圆，即使把周围的三维空间连续变形，纽结还是无法解开的。

这样的描述实在有点远离日常生活经验。每一段绳子都有**两个端点**，变形的是**绳子**，不是空间。尽管有着这样或那样的缺点，但正如亚当斯（Colin Adams）的《纽结全书》（The Knot Book）所述的那样，它依然相当成功地抓住了各种纽结的"打结"性质。然而，纽结的其他实用方面却无法用拓扑观点去考量，并加以概括。一个明显的例子是两条不同长度的绳子如何结在一起的问题。此时，主要的好坏标准应该是：在你牵拉绳子的两端时，连接的地方不应滑脱。此时，表面张力与制造绳子的材料都将发挥作用，整个问题需要用不同的办法去解决。

话虽如此，依然存在着一种数学理论的雏形，游戏数学家们认为其发展前景相当乐观。它是堪培拉市澳大利亚国立大学的迈尔斯（Roger E. Miles）的脑力劳动产物，在他的《对称纽结》（*Symmetric Bends*）一书里作了充分解释。"纽结"原先是水手们使用的名词，指的就是用绳索打结的办法。这个名词使人不禁想起了帆船时代。事实上，当时船上任何一件东西都是用木头或绳索来做的。目前，帆船爱好者们仍在使用纽结。迈尔斯的主要目的是，用一种系统的方法把纽结进行几何分类，使人们有可能发现具有他们需要的性质的新纽结。可以通过实验方法来测定表面张力对防止接口滑脱的阻力，这只要打好绳结，看看它发生什么情况就行。一系列实验的结果收获颇丰，通过将各种绳索捆扎打结，一些数学上关于纽结错综复杂情况的新看法与倾向性意见开始崭露头角。

在各式各样的纽结中，最简单、最有名的是平结[1][见图 8.1(a)]。当然，在绘制插图时，直线中的"间隙"表示那根绳子是在穿越另一根，所有的绳子本身统统都是连续的，没有任何断裂。在用画图方法表示"穿越"时，一根绳子要画得淡一点，另一根要画得深一点。迈尔斯主张，在插图中一律使用水平线与垂直线，不用弯来弯去的曲线。这样做有几项理由：它们更容易作图，更容易理解，能更好地显示对称性（如果确实存在对称的话）。每根绳子都有一个"自由的"末端——绳子串到这里为止——还有一个"固定的"末端，由点状的虚线来表示，意思是绳子继续延伸下去。图上有两类交叉：浓压淡或淡压浓。在更

---

[1] 平结又叫"方结"或"缩帆结"，其他别名也很多。——译者注

复杂的纽结中,还存在着浓压浓与淡压淡的交叉。

大家都知道平结,它老是与外婆结①混淆不清[见图8.1(b)]。在传统的纽结理论中,由于不存在自由端,每一个结都连成闭环,所以看不出有什么其他结可以同平结、外婆结攀上亲缘关系。但现在采用图8.1的办法之后,马上就能找出两种新的纽结,这是由于自由端的选法不一样。这两种新的纽结,名叫"什么结"与"盗贼结"[见图8.1(c)和8.1(d)]。

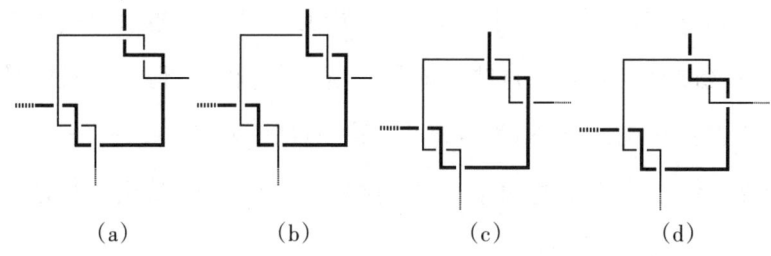

图8.1　4种初等纽结

(a) 平结;(b) 外婆结;(c) 什么结;(d) 盗贼结;请注意图上自由端(实线)与固定端(点状的虚线)之间的区别

上述4种"初等纽结"的图形最简单,也就是说,交叉数最少。可以防止绳索滑脱的摩擦力一般出现在交叉处。直觉看来,我们往往认为复杂的纽结将更加安全——但事实上未必尽然,因为安全性也取决于交叉在三维空间中的先后配置顺序。上述4种初等纽结都是高度不安全的,在绳索被拉动或受到其他干扰时都会出现松脱现象。至于脱落的情形,对人们也有教益:其中的一根绳索伸直了(尽管它也许并未完全伸直),然后在另一根绳索所成的环圈中滑了出去。

---

① 外婆结又叫"奶奶结",有些书本与辞典上甚至称它为"打错了的平结"。——译者注

初等纽结还有一个很有吸引力的数学性质:对称性。上面刚刚介绍过的4种纽结表现出三种重要的对称操作(见图8.2)。如果将平结的图形翻转过来,但左下角到右上角的对角线保持不动,则人们将可见到同样的图形——除了色彩(淡/浓)颠倒之外。同样的情况也适用于外婆结。如果绕轴旋转180°(这根轴与纸面垂直,向外延伸),则除了色彩颠倒之外,什么结的图形也同原先的一样。最后要说一下盗贼结,它的对称形式称为三维空间下的"中心反演",意思就是把每一点映射到通过原点的同一直线上的另一点,距离相等,但处于较远的那一侧。也就是说,将坐标为(x, y, z)的一点映射到$(-x, -y, -z)$。如果你用真的绳子来打这些纽结,非常小心而且用力均匀,则所得之纽结将具有同样的对称性质。

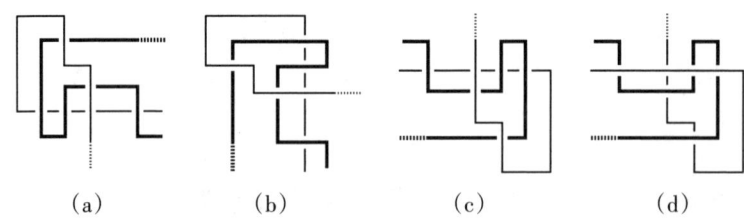

(a)　　　　(b)　　　　(c)　　　　(d)

图8.2　三种对称操作

(a)原始;(b)对角线翻转;(c)180°旋转;(d)中心反演

当然,实际上还有复杂得多的纽结。迈尔斯说他对对称纽结的浓厚兴趣始于1990年,那时他得知有一种"索具装配工的怪结"(见图8.3)。这种结也具有180°的旋转对称性。在亨特博士(Dr. Edward Hunter)1978年发现了它之后,人们现在常常称之为"亨特结"。当时它被认为是个新发现[因为在该课题的权威著作《阿希莱纽结大全》(Ashley Book of Knots)中没有收入它],但在1956年美国登山运动家史

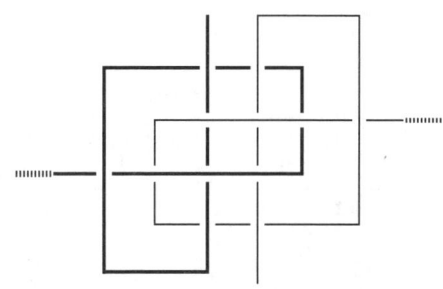

图 8.3　索具装配工的怪结

密斯(Phil Smith)的著作《实用登山结》(*Knots for Mountaineering*)中已经把它收录进去了。迈尔斯最早是在1989年于美国旧金山市买到的一本书里看到它的。此书是比贡(Mario Bigon)与雷加佐尼(Guido Regazzoni)两人合编的《最新纽结指南》(*The Morrow Guide to Knots*)。巧合的是，1943年史密斯发明这个索具装配结，正是在旧金山市的滨水区。

以上述三种对称类型(对角线翻转、180°旋转、中心反演)为依据，迈尔斯发展出一套研究方法，而且真的发明了许多对称纽结。通过此种途径而找到的完整的纽结家族中，一个较有名的实例便是"广义盗贼结"(见图8.4)。不仅如此，尤有甚者。另外还有三种对称操作可以

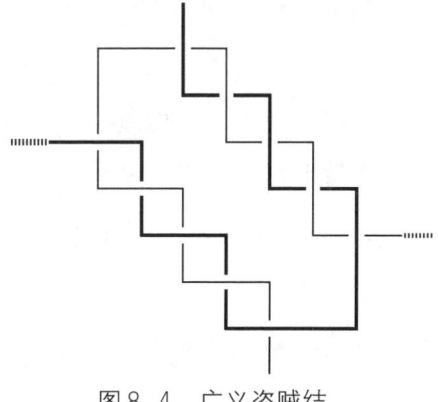

图 8.4　广义盗贼结

在三维空间的纽结上实施,见图8.5。

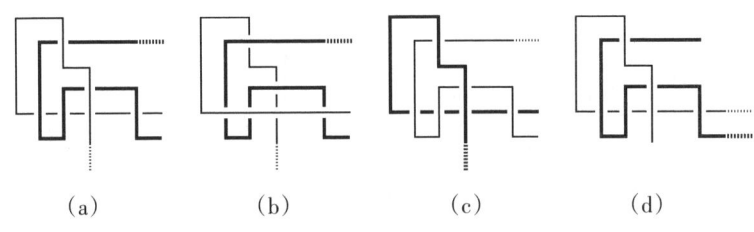

图 8.5 三种进一步的对称操作
(a)原始;(b)镜像(以纸面为镜面);(c)色彩交换;(d)逆转

镜像:将纽结在镜中反映。在二维空间的图中,以纸面作为镜面,所取得的效应将是:在每个交会处,交叉的情状将正好颠倒过来。

色彩交换:把淡色与浓色进行交换。

逆转:将浓的固定端与自由端进行交换,与此同时,把淡的固定端与自由端也进行交换。

这些对称操作中的任何一个都会把一个中心对称纽结转变成另一个中心对称纽结,或者把一个旋转对称纽结转变成另一个旋转对称纽结。

本文的获奖之作是"重编8字结",有时也称为"佛兰德结"(见图8.6)。

图8.6中的前4个子图分别为佛兰德结,它的镜像、逆转以及镜像的逆转。所有4个图都是旋转对称的。至于第5个子图,其对称方式有所不同:它是中心对称的。不过,所有5个子图全都拓扑等价,也就是说,它们可以通过连续操作互相转化。要想验证这一点,最容易的办法就是对第5个子图进行一系列操作,使之变成其他各子图。不过

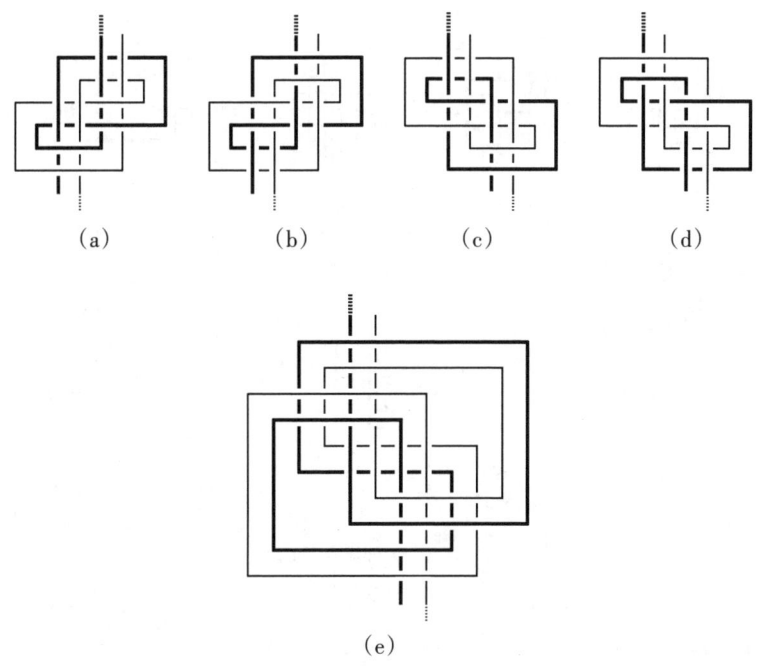

图 8.6

(a) 佛兰德结;(b) 它的镜像;(c) 它的逆转;(d) 它的镜像的逆转;(e) 变色龙结

我在这里不打算说破,让你们自己去寻找适当办法,从而尝到解决问题的乐趣。总之,拓扑变形居然能改变纽结的对称类型,难怪迈尔斯要把这种纽结重新定名,叫它"变色龙结"了。

在迈尔斯的书中收录了60种对称纽结,我在其中选录了一些精品,如图8.7所示,哪一个算是"最佳"对称纽结呢?对于这个问题,他的回答是:"问得不切实际。"其理由是:萝卜青菜,各有所爱。纽结随各种不同要求而各有短长。它们是:打结是否容易?是否很容易检查

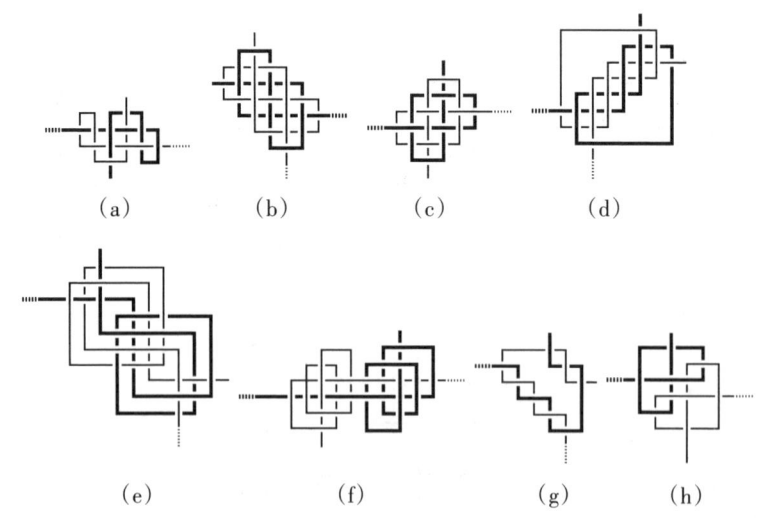

图8.7 8种对称纽结

(a) 紧结;(b) 难分彼此(甲);(c) 皇冠结;(d) 三重结;(e) 难分彼此(乙);(f) 葡萄藤结;(g) 外科医生结;(h) 枢纽结

出来？能否易于作出调整,使自由端随意伸缩？此外还有紧密牢固性,对突然转向或硬拉猛拖的抗拒性,紧凑与简洁性,流线型性质,受力情况,是否容易解开,是否美观大方,有无感人魅力……

反馈信息

主流数学已经接受了挑战,试图通过一条不同的途径,找到一个更具几何特色的纽结理论。从拓扑角度研究纽结的常见方法是利用不变量——在变形下保持不变的一些性质。有不同不变量的两种纽结必然不是拓扑等价的。

第一个重要不变量是亚历山大多项式,20世纪20年代由亚历山大(J. W. Alexander)所发现。这是伴随着每一种纽结的代数表达式。任何纽结,如果它们的亚历山大多项式不同,它们就不可能互相变来变去。不幸的是,具有一模一样的亚历山大多项式的纽结未必就是拓扑等价的,平结与外婆结便是最简单的实例。

一个年代更近、方兴未艾的新的拓扑不变量名叫琼斯多项式,它经常能在亚历山大多项式失灵的情况下取得成功。平结的琼斯多项式与外婆结的琼斯多项式是不同的。

为使纽结的这根"弦"更像物理的弦,数学家们已经发现了一种新的不变量,它不再是多项式了,而是一个数。这个基本想法可以追溯到法利(I. Fary),时间是在1929年。设想用一根很长的橡皮条来打结,纽结越复杂,你就必须把它弯曲得越厉害,所花费的弹性能量也越大。由于合适的物理系统会使能耗最小,因而可以提出这样的问题:橡皮条究竟应取何种形状可使能耗最小?

1987年,福原(S. Fukuhara)意识到,其实存在一个更为方便的物理模型:静电能量。把纽结设想为一根固定长度的、可以任意弯曲的导线,如有必要时可以穿越自身并带有静电。由于同性电荷相互排斥,为使静电能最小,一个可以自由移动的纽结将尽量使自己与相邻的各股线离开得越远越好。这种能量的最小值就是新的几何不变量。

1991年,日本东京都立大学的小原淳(Jun O'Hara)证明,纽结变得复杂时,它的最小能量也将增加。只存在为数有限的、拓扑性质不同的纽结,其能量小于或等于某一确定的值。这就意味着,存在着纽结复杂性的一个自然的数值尺度,范围甚广,从低能量的简单纽结开始,一直到高能量的复杂纽结为止。

什么是最简单的纽结呢?1993年,4位拓扑学家——布赖森(Steve Bryson)、弗里德曼(Michael Freedman)、王振汉(Zhenghan Wang)和贺正旭(Zheng-Xu He)[①]——组成的一个团队证明了最简单的纽结正好就是你们所期望的。它就是"基圆",也就是日常生活里的圆。至于拓扑学家的圆,通常是弯曲的或者扭曲的,那就必须在前面添加形容词,以表明它们不是真正的圆。

在用自然数单位表示时,基圆的能量为4,其他所有闭环的能量都要比4大。从拓扑角度来看,能量小于$6\pi+4$的任何闭环都是不打结的——它们只是弯曲的圆而已。更一般地说,在某些二维空间图形上有c个交叉的纽结,其能量至少为$2\pi c+4$,但这个下界也许定得并不够好,这是由于三重结——这种结有3个交叉——的已知最低能量大约是74,这个数值大大高出$6\pi+4\approx22.84$。能量小于或等于E的、拓扑结构不同的纽结,其个数至多只有0.264×1.658^E个。

① 均系译音。——译者注

第 9 章
最完全幻方

组合学是无须逐一列举而对事物进行精确计算的艺术,之所以如此是由于穷举法过于繁重,在我们现有的宇宙里容纳不下。众所周知,游戏数学中有一个重要的悬案:已知幻方的阶数,求其总数有多少。本章将告诉你,对于某一类重要的幻方而言,问题已经圆满解决,我们现在知道正确答案了。

我们已经多次提到幻方,现在再来简要地回顾一下。例如,可取1至16的连续正整数,将它们排成一个4×4正方形阵列,使每一横行、每一纵列及两条对角线上的4个数字之和都相等。如果你取得成功,排出了这种方阵(图9.1给出了一个实例),那么你就造出了一个四阶幻方。行、列与对角线上四数之和称为"幻常数",有时也称为"幻和"。对本例来说,这个幻常数等于34。不难证明,对于1至16这16个整数所构成的幻方而言,幻常数必然等于34,非此不可。倘若你把1至25的连续正整数排成一个符合要求的5×5方阵,那么你将得出一个五阶幻方。六阶、七阶幻方依次类推。

　　幻方是游戏数学中受人喜爱的重要课题,它如日方中,似乎永远

1	15	14	4
12	6	7	9
8	10	11	5
13	3	2	16

图9.1　一个四阶幻方
所有的行、列与对角线上4个数之和都等于34,且互为中心对称的两数之和为17

不会枯竭。尽管有关幻方的文献已经为数庞大——我绝非信口开河——但还是有可能在其概念方面得出一点新花样。

但是，要想对幻方这一课题的基础数学作出一点新贡献——不光是单纯的娱乐兴趣，而应紧密结合数学主流——则困难得多。然而，奥伦肖夫人与布里(David S. Brée)的著作《最完全泛对角线幻方：结构与计数》(*Most-Perfect Pandiagonal Magic Squares Their Construction and Enumeration*)却是一本作出了贡献的好书。

书中，他们得到了本领域中一大悬案的一部分解：阶数一定的幻方究竟有多少种？他们的主要成果在于得出了一个具体公式，可用于计算当阶数确定时所谓的"最完全幻方"的个数，并通过一整套系统方法把这些幻方统统制造出来。听起来似乎不太困难，但我们还是应该指出，阶数为12时这类幻方的个数超过220亿，而当阶数为36时，其个数更是达到了2.7×10^{44}之多。对于如此庞大的天文数字，你们当然不可能把它们统统写出来，嘴巴里念念有词地数："1，2，3，…。"

他们的工作领域所属分支称为"组合数学"——计算事物的种类而无须把它们列举出来的艺术。结果有望取得实用价值。实际上，启动这一研究的原动力即来自企图把8阶幻方投入照片复制与图像信息处理的想法。

这项研究成果的一个显著特征是其来之不易，两位作者都不是专业的数学研究工作者。奥伦肖夫人（她由于教育方面的出色服务而在1971年获得爵士荣誉）在2009年10月已是97岁高龄的耄耋老人，大半生从事教育工作和高等院校的高级行政管理。她的合作者布里则在经商与心理学方面颇有研究,最近又在钻研人工智能。

从数学观点来看,用 $0, 1, 2, \cdots, n^2-1$ 各数来构建 n 阶幻方要比传统做法更为方便,后者是用 $1, 2, 3, \cdots, n^2$ 来构建的。上文所提到的奥伦肖夫人的书以及本章都采取了前一种方法。倘若你在这种数学家幻方中的每个数上统统都加1,那么你就得出一个传统的幻方;反之,若将传统幻方中的每个数都减1,那么就能得出数学家的幻方。总之,两者并无实质差别。然而,幻常数将会改变,增加 n 或减少 n。

传统的 n 阶幻方的幻常数是 $\frac{1}{2}n(n^2+1)$。而数学家爱用的 n 阶幻方的幻常数是 $\frac{1}{2}n(n^2-1)$。

一阶幻方只有一个数,即0。

二阶幻方不存在(2阶是幻方不存在的唯一的阶数),因为根据幻方成立的条件,方阵中的四种和数必须相等。

三阶幻方共有8种,但它们实际上仅仅是下面的幻方

$$\begin{array}{ccc} 1 & 8 & 3 \\ 6 & 4 & 2 \\ 5 & 0 & 7 \end{array}$$

(幻常数=12)的旋转或反射。显然,幻方在经过旋转或反射后,幻性不变。因而,所有的三阶幻方本质上都是相同的。根据古老的中国传说,上述三阶幻方的传统模式(使用的数字为1至9,称为"**洛书**"),可以上溯到公元前2400年左右大禹治水时,洛水里浮出的一只乌龟背上就有这样的图案。不过,许多学者认为上述时间很成问题,要推迟到公

元1000年才比较可靠。

实质不同的四阶幻方共有880种,而五阶幻方的种数则吓人一跳,多达275 305 224种。阶数递增时,幻方的个数增长之快,犹如爆炸。迄今为止,无人知道确切的增长公式。所谓"实质不同",我的意思是指"不考虑旋转与反射"。

要想幻方研究取得进展,施加进一步的限制条件不失为一种途径。就我们的目的而言,最自然的附加条件就是:幻方必须是**泛对角的**,这就意味着:所有的"折断对角线"上各数之和也应该等于幻常数。(折断对角线是指从一边"绕到"它的对边,见图9.2)。

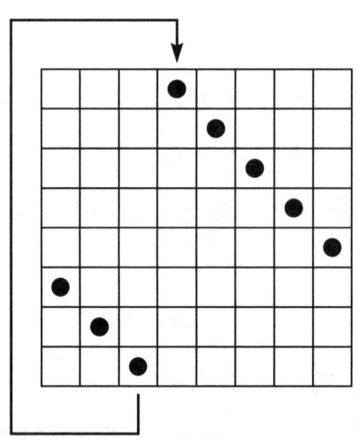

图9.2 折断对角线

泛对角幻方的一个实例是

0	11	6	13
14	5	8	3
9	2	15	4
7	12	1	10

它的幻常数等于30。其中,(典型的)折断对角线为11+8+4+7与11+14+4+1,两者的和都等于30。现已知晓,存在着48种实质不同的四阶泛对角幻方,而五阶泛对角幻方则多达3600种。

不存在三阶泛对角幻方,不难看出8+2+5=15,并不等于幻和12。更一般地说,弗罗斯特(Andrew H. Frost)已经在1878年证明,偶数阶泛对角幻方的阶数必须是"双偶数的",也就是说,阶数必须是4的倍数。1919年,普朗克(C. Planck)给出了一个更为巧妙的证明,请参阅奥伦肖与布里合写的那本书。至于奇数阶的泛对角幻方,只要阶数大于3,它们都是存在的。

1897年,由麦克林托克(Emory McClintock)命名的"最完全幻方"则是限制条件更为苛刻的幻方。除了具有通常的幻性与泛对角幻性之外,还有一个更奥妙的性质:任何2×2方阵中的4个数字之和也等于一个常数$2n^2-2$(此处n为幻方的阶数)。另外,还应当指出,这里所谓的2×2方阵,也包括"绕过去"的二阶方阵在内,即从一边"绕到"它相对的一边。不难证明,具有此种2×2方阵特性的任何幻方必然都是泛对角幻方,但其逆不真。

上文给出的四阶幻方是一个最完全幻方——譬如说，0+11+14+5=30，8+3+15+4=30，等等。也可以给出一个"绕过去"的二阶幻方，即图上的3，4，14，9这个子块。

图9.3给出了一个雄心勃勃的12阶幻方，它也是一个最完全幻方。

64	92	81	94	48	77	67	63	50	61	83	78
31	99	14	97	47	114	28	128	45	130	12	113
24	132	41	134	8	117	27	103	10	101	43	118
23	107	6	105	39	122	20	136	37	138	4	121
16	140	33	142	0	125	19	111	2	109	35	126
75	55	58	53	91	70	72	84	89	86	56	69
76	80	93	82	60	65	79	51	62	49	95	66
115	15	98	13	131	30	112	44	129	46	96	29
116	40	133	42	100	25	119	11	102	9	135	26
123	7	106	5	139	22	120	36	137	38	104	21
124	32	141	34	108	17	127	3	110	1	143	18
71	59	54	57	87	74	68	88	85	90	52	73

图9.3 最完全幻方①

---

① 在此12阶幻方中，每行、每列、每条对角线以及折断对角线上的12个数之和都等于858。任何一个二阶方阵中的四数之和都等于286，请注意：286的3倍正好就等于858。——译者注

问 题

对图9.3的幻方,举例说明其"最完全幻方"的各项性质。

奥伦肖夫人与布里的计数方法之密钥深深地潜伏在最完全幻方与"可逆方阵"的关联之中。为了说清楚这一要点,我们需要引入一些术语。所谓一系列整数的可逆相似性是指,如果我们把该序列颠倒过来,并把对应数字一对对地相加,所有的和都应该相等。例如,整数序列142758是具有可逆相似性的,因为它的逆序列为857241,而所有各对的相应数字之和1+8,4+5,2+7,7+2,5+4,8+1统统都是相等的——就本例而言,这一和数为9。

一个n阶**可逆方阵**是由整数0,1,2,$\cdots$,n^2-1所排成的$n\times n$方阵。它应当具有如下性质:

- 每一行都有可逆相似性;
- 每一列都有可逆相似性;
- 方阵中任何一个矩形的对角数字之和是相等的。

为了给出一个实例,我们可以按照递增顺序从左至右地写出如下方阵:

0	1	2	3
4	5	6	7
8	9	10	11
12	13	14	15

不难看出,它实际上就是满足上述三项条件的可逆方阵。让我们来看第三行,这时有8+11=9+10,而10+9=11+8=19。对其他各行各

列来说,情况亦类似(当然和数未必为19)。再来看任一矩形的对角元素,显然有5+11=7+9,1+15=3+13,如此等等,足见上述第三个条件也是得到满足的。图9.4给出了12阶可逆方阵的一个实例,尽管它看起来稍微困难些,不像按递增顺序写出自然数那么明显。

64	51	81	49	48	66	65	83	82	50	80	67
28	15	45	13	12	30	29	47	46	14	44	31
24	11	41	9	8	26	25	43	42	10	40	27
20	7	37	5	4	22	21	39	38	6	36	23
16	3	33	1	0	18	17	35	34	2	32	19
72	59	89	57	56	74	73	91	90	58	88	75
68	55	85	53	52	70	69	87	86	54	84	71
124	111	141	109	108	126	125	143	142	110	140	127
120	107	137	105	104	122	121	139	138	106	136	123
116	103	133	101	100	118	117	135	134	102	132	119
112	99	129	97	96	114	113	131	130	98	128	115
76	63	93	61	60	78	77	95	94	62	92	79

图9.4 可逆方阵

可逆方阵一般不是幻方,就像本例所示的那样。奥伦肖与布里证明,双偶数阶的任意一个可逆方阵都可以通过一个特定过程"变换"成最完全幻方。而任一最完全幻方正是通过此种方式生成的。

我们将利用上面的例子来说明这种变换方法,全过程一共有3步:

1.将每一行的右面一半逆转,于是有

0	1	3	2
4	5	7	6
8	9	11	10
12	13	15	14

2. 将每一列的下面一半逆转,从而得出

0	1	3	2
4	5	7	6
12	13	15	14
8	9	11	10

3. 这一步要复杂得多!就四阶方阵而言,其变换方法如下:先把方阵分为若干个二阶方阵(2×2方阵),然后按照图9.5所示的方式移动方阵中的4个元素。左上方的元素不动,保持原状;右上方的元素按对角线方向移动2格;左下方的元素向右平移2格;右下方的元素则向下移动2格。若在移动时,越出了四阶方阵的边界,则可以"绕回来"到它应该去的地方。对一般的 n 阶方阵而言,也同样存在可用数学公式描述的类似的步骤。执行了第3步以后,将会得出如下结果:

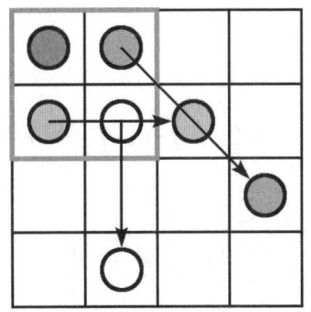

图9.5 将可逆方阵变换为幻方

0	14	3	13
7	9	4	10
12	2	15	1
11	5	8	6

现在你们可以检验,所得之方阵确实具有幻方的各种性质,它的确是货真价实的最完全幻方。

对任意双偶数阶幻方来说,此类一般性的变换法足以在最完全幻方与可逆方阵之间建立起一一对应关系。因而,对任意一个双偶数阶的方阵,你只要去计算可逆方阵有多少种,就可以知道最完全幻方有多少种。

初看上去,问题性质的这种改变似乎进展不大,不可能使你走得很远。然而事实表明,可逆方阵存在着一些微妙的特征,使你得以对它们系统地计数。特别是,可逆方阵可以很自然地分成若干类别,而

在每一个类别中,所有的成员都能通过"旋转""反射""各对互补行的交换"以及少量较复杂的操作等一系列变换彼此联系起来。因此,在计数时,只要构筑出其中之一,然后对它施以常规的变换就已经足够了。简而言之,每一类只要有一个特定的方阵("主导方阵")就可以代表整体。这种方阵的第一行由0,1开始。另外,任意行、列中的整数都是按递增顺序来排列的,你所要做的事情只是找出这种"主导方阵"就行。

最后还要指出,每一类的大小都是一样的,实际上,对一个给定可逆方阵进行旋转或反射变换,结果所得的方阵与原来的方阵并不存在实质性差异,因而完全可以不加区别。可以证明,在任一类中,实质不同的可逆方阵个数等于

$$2^{n-2}\left[\left(\frac{n}{2}\right)!\right]^2$$

这里,感叹号"!"的意思是"阶乘",例如

$$6! = 6\times5\times4\times3\times2\times1 = 720$$

由此可知,剩下来的工作就是去计算一个给定阶数的可逆方阵究竟存在着多少个主导可逆方阵,然后再按上述阶乘公式去计算就行。所得结果即这一阶的最完全幻方的总数。

至于主导可逆方阵的个数,它本身也可以用一个公式来表示,但形式上要更加复杂一些。由于这一公式的发现与证明需要比较高深的组合数学知识,我们只好不讲,在此止步了。不过,我将告诉各位读者,当阶数 $n=4,8,12,16$ 时,实质不同的最完全幻方的个数分别为48,

368 640，2.229 53×10^{10} 以及 9.322 43×10^{14}。其中，后两个数字是近似值，但它们都可以精确地计算出来。顺便说一下，阶数为 144 时，实质不同的最完全幻方的个数将是 4.346 16×10^{254}，如果你真的需要，还是可以借助计算机，把所有的 255 位数字一个不漏地统统写出来。

反馈信息

新泽西学院的阿赫多恩(Tom Hagedorn)给我寄来他的论文,是研究"幻矩形"的。

先生们:

所谓幻矩形,是指一个 $m×n$ 矩阵,填入其中的是从 1 到 mn 的整数,要求每行各元素之和相等,每列各元素之和也相等,但不需要规定行和也要等于列和。实际上,当 m, n 是不同的数时,这是做不到的。另外,对幻矩形来说,对角线可以不必考虑。早在一个多世纪以前,人们就已经知晓,当 m, n 的奇偶性相同(都是奇数或都是偶数)、两者都大于 1 且都不等于 2 时,幻矩形是存在的。

还可以将幻矩形概念扩展到高维空间,我已经证明了:如果 n 维矩形的所有各边都拥有偶数个元素,则相应的幻矩形是存在的。

不过，奇数的情况就要难得多。当我于1999年撰写数学游戏专栏文章时，人们还不知道3×5×7幻矩形是否存在。也就是说，你能否把1到105的各个自然数放入3×5×7阵列中，使得所有水平行之和相等，所有水平列之和相等，以及所有垂直列之和也相等？这3个和可以(应该说"必然")不一样。此问题一直悬而未决，直到2004年，日本数学家中村三雄(Mitsutoshi Nakamura)发现了这一幻矩形，见图9.6。

2	41	89	63	70
57	31	94	29	54
59	40	38	93	35
78	34	9	45	99
85	48	18	92	22
11	76	67	24	87
79	101	56	25	4

55	37	20	91	62
83	46	26	100	10
16	105	33	8	103
74	64	53	42	32
3	98	73	1	90
96	6	80	60	23
44	15	86	69	51

102	81	50	5	27
19	82	39	30	95
84	14	88	58	21
7	61	97	72	28
71	13	68	66	47
52	77	12	75	49
35	43	17	65	104

图9.6　幻矩形

答　案

$$\frac{1}{2} \times 12 \times (12^2-1)=858$$

该幻方各行、各列、各对角线的和均为858。

任取一个2×2方阵,其中的4个数之和均为286。

$$2 \times 12^2-2=286$$

因此,这是一个最完全幻方。

第10章
它们是不可能做到的

任意角三等分与化圆为方的研究家们感到十分懊恼,因为数学家退回了他们的论文,提了两点意见:(a)观点错误,(b)他们不曾读过论文,从中去找出错误。这是一种可以理解的烦恼,但却是完全公正与合乎情理的。在数学上,人们往往能够证明一个逆否命题。

绳结与迷宫中的奶牛

  在日常生活中，当我们说到什么事情不可能时，实际意思往往不是如此。有时不能照字面解释，有时并不绝对如此。我们的意思是，看不出有什么办法来达到目的。曾经有一大批人认为，比空气重的机械不可能在空中飞行；而在此以前，又有一大批人认为，比水重的机械不可能在水上漂浮——这些都证明，我们从来都没有在历史上吸取经验教训。人类的聪明才智总在战胜一些看上去不可能的事物。但即使在日常生活中，我们依然可以确信有些事情真的不可能——譬如说，没有任何帮助，人在水下可以存活一年（如有合适设备，那又当别论）。还有一些蒙昧不明的灰色领域，尽管我们中间的大多数人都认为不可能，但仍有人坚信其可能，例如所谓"读心术"的能力——知道别人心里在想什么。

  话虽如此，但在数学中，不可能性往往是你能够"**证明**"的事情。譬如说，3不是2的整数次幂。证明的办法是，先搞清楚什么叫"幂"，然后就会看到2^1太小了，而2^2再往上又是太大了。

  在普拉切特(Terry Pratchett)等人所写的《碟形世界》(*Discworld*)科幻小说丛书中，布尔萨(Bursar)真的相信在无穷无尽的自然数之外还

有一些外加的整数——例如,所谓"外加的2"——然而,圆形世界的数学家们根本不同意。正如本例所表明的那样,不可能性的证明只是在目前已经建立起来的数学世界里起作用。倘若你改变了游戏规则,不同的事情就有可能出现。例如,在整数世界中,"模5的算术"里,任何一个5的倍数都视为0,从而就有 $3 \equiv 2^3 \pmod 5$。但这并不是说,我原来所讲的不可能性是错的,因为有关的语境已经改变了。它倒是正好告诫我们,对所议论的事物,定义它的时候务必谨慎小心。在数学教科书里,这是非常重要的,不能含糊。但在数学游戏专栏里,我就可以宽松得多,因为我知道,我的读者对我非常了解,需要严谨时我是能做到一丝不苟的。

证明某些任务不可能的数学能力有时也会产生副作用,从而令人感到灰心丧气。设想我花费了足足十年苦功,笔记本上写满了冗长而复杂的计算,我相信自己发现了一个新的素数,长达几千位之多。它同已知的其他素数很不一样,竟然是个**偶数**。它的最后一位数码,用通常十进位表示时是6。由于这个惊人发现而极度兴奋的我,把我的论文送给一位数学家去审阅。岂知他立即把它退还给我,并明确告诉我:那是荒唐透顶的。更糟糕的是,当我问他,我究竟在什么地方出错时,他说他根本没有看过我的论文,不知道错在何处,但他知道必然有错。这些话使我大吃一惊:此人竟然如此傲慢无礼!在这个问题上我足足花了十年苦功,而他只花了10分钟。我所写的东西他视若无睹,然而却斩钉截铁地说我是错的!

在人们日常生活的大多数领域里,这样的态度确实是傲慢无礼的。然而在数学里,那不过是一次简单的逻辑应用而已。唯一的偶素数是2，再也没有别的了。为什么呢？因为偶数都能被2整除，然而没有一个素数能够被一个与它不同的素数整除。

哥德尔(Kurt Gödel)证明，数学是不能判定的——没有算法足以判定一个给定的命题是否有一个正确的证法——这是一个最深刻的不可能性定理之一。另一个庞然大物则来自19世纪，其时阿贝尔(Niels Henrik Abel)以及稍晚一些的伽罗瓦(Évariste Galois)证明了一般五次方程不可能用通常的代数运算与开方来求解。平方根、立方根、四次方根……这些表达式统统都叫"根式"。早期的数学家们用根式求解二次、三次与四次方程。我们中间的大多数人在中学时期学过二次方程求根公式，其中包含平方根。在三次方程与四次方程中也有类似的公式，而且形式越来越复杂。然而，企图为五次方程寻找一个类似公式的一切尝试统统都失败了。

阿贝尔与伽罗瓦证明了这种尝试永远不会成功，从而为此画上了休止符。阿贝尔的证明独出心裁，不愧为一个创造性的范例。伽罗瓦的证明则更有系统性，形成了一门新的数学分支，如今称为伽罗瓦理论。更早以前，意大利数学家鲁菲尼(Paolo Ruffini)曾发表过一个长达500页的不可能性证明，后来又重新发表了一个自称"较短"的证明——仍然十分冗长——但没有人相信他的文章里不存在错误。带有讽刺意味的是，我们现在知道他的文章里只有一个严重的瑕疵，后来被阿贝尔纠正了，作为证明中的一部分。然而，阿贝尔并未意识到他的这一举措作用不小，他帮助鲁菲尼完成了证明。①

---

① 有关历史资料及来龙去脉，请参看我的《为什么说美即是真》(*Why Beauty is Truth*)。——原注

为了帮助读者理解这些证明,让我们先来看一个有名的谜题。国际象棋的棋盘有64个方格。如果你的手上有32块骨牌,每块骨牌由两个方格组成,格子大小同棋盘上的一模一样,那么你将会有多得不计其数的办法让骨牌填满棋盘——图10.1(a)即是其中的一种。如果你在棋盘上去掉一个纵列的两端格子,那么你仍然可用31块骨牌来覆盖剩下来的棋盘,见图10.1(b)。在此不妨顺便提一下,作为谜题的部分条件,我已假定骨牌的格子大小同棋盘上两个相邻格子是完全一致的。不过,如果你去掉棋盘上相对的两格[见图10.1(c)],那么想用骨牌来覆盖棋盘的一切尝试就将以失败告终。

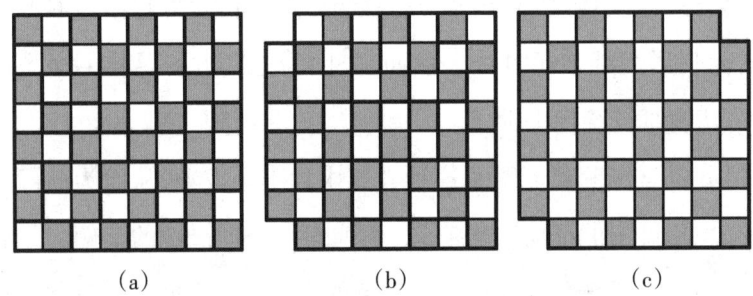

图10.1　可用骨牌覆盖图(a)及图(b),但图(c)呢?

你的一次又一次的失败能否证明任务是不可能完成的呢?非也。即使你试了一生一世也做不到。那么,是不是这项任务是不可能完成的呢?是的,确实如此。

为什么我敢肯定这一点?

下面来解释一下为什么。你把一块骨牌放到棋盘上的时候,它永远会盖住一个黑格和一个白格。由此可见,若用骨牌覆盖棋盘,那么白格的总数一定要等于黑格的总数。图10.1的前两副棋盘情况正是如此,但最后一副除去对角两格的棋盘却不是这样:一种颜色有30格,而另一种颜色有32格。

这个问题同伽罗瓦的五次方程不能用根式求解的证明具有一个共同的基本要素(阿贝尔的证法放到这个框架中去时会显得有点不伦不类,这里置而不论)。那就是,需要引入一个**不变量**,即一个拟议的解答所应具有的、可以通过计算而求得的若干特征,无须知晓解的完整形式即能掌握。譬如说,对骨牌问题而言,不变量就十分简单:它就是黑格与白格的相等性。对五次方程来说,则是涉及方程诸根对称性的一个极其复杂的代数特征,称为伽罗瓦群。如果不变量不能满足问题的条件,那么不论拟议中的解是什么形式,它必然是不能成立的。你甚至不必看一眼即可作出确定回答!

如果不变量是错的,那么你的解答就是不正确的,行不通的,同它的外表形式毫无关系。

伽罗瓦理论与游戏数学在几何学的一个美妙领域里不期而遇,那就是,使用没有刻度的直尺与圆规①的作图题。这类作图题从已知的某些点集开始,后继的各点则来自直线或圆的交点。凡是题中所用到的直线必须是连接已知点,任何一个圆必须以已知点为圆心且通过其

---

① 在技术上,文中所提到的作图工具"a pair of compasses"是指一把圆规,但类似"a pair of scissors"(一把剪刀),这样的短语只是指一件而不是一对小玩意("pair"在这里没有"一对"的意义)。"compass"还有另一个解释,即指北的罗盘。但人们的语言用法也应紧跟时代。记得有一次有人居然问我:为什么这种几何作图竟然需要两只罗盘?真是令人发笑。——原注

他已知点。

此种死板的作图方法能解决什么样的问题呢？我们不妨来举个例子。你可以把一条给定的线段分成若干等分,等分数任意。你也可以把一个给定的角分成两个相等的角(2等分),或者4等分、8等分、16等分……2的任何次幂都行。另外,你还可以作出边数为3,4,5,6,8,10以及12的正多边形。所有这些方法在欧几里得那个时代都已经被人掌握了。在他身后的两千年,许多人企图用同样的方法去解决另外3个看来似乎十分简单的问题：

· 倍立方体：求作一个立方体,使其体积等于已知立方体的2倍。

· 三等分角：把一个给定的任意角三等分(把它分成三个相等的角)。

· 化圆为方：求作一个正方形,使它的面积等于已知圆的面积。

我们现在已经知道为什么这些问题如此困难：原来,这3个问题都是要求人们去做不可能实现的事情。

我们不是想寻找近似作图法——解决所有3个问题,使之达到任意的精确度都是容易做到的。我们也不是想寻找可以放宽条件或允许使用其他工具的作图法。在下面的图10.2中,我告诉读者,可以利用有刻度的直尺或一个"战斧"图形来三等分任意角。

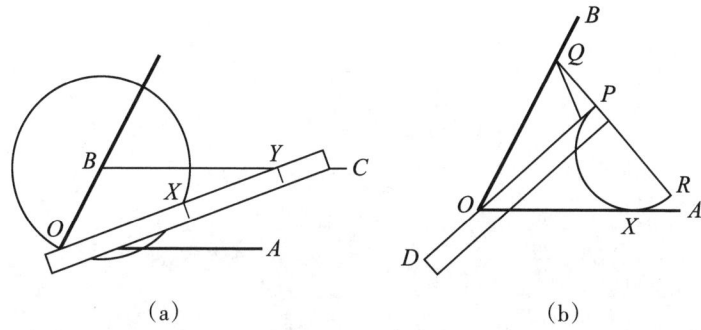

图 10.2 三等分任意角的方法

(a) 利用有刻度的直尺。以 B 为中心，作一个圆通过 O 点。过 B 点引直线 BC，使它平行于 OA。在直尺上标出 X、Y 两点，使 XY＝OB。然后将直尺滑动，使它通过 O 点，X 在圆上，而 Y 在 BC 上。则 ∠AOY 就是 ∠AOB 的 $\frac{1}{3}$；(b) 作一个战斧图形，即直径为 PR 的一个半圆，再将 PR 延长到 Q，使 PQ 等于 PR 的一半，再作 PD 垂直于 PR。然后将战斧图形的位置作出适当调整，使 PD 通过 O 点，Q 点位于 OB 上，OA 为半圆之切线(切点为 X)，则 $\angle POQ = \frac{1}{3} \angle AOB$

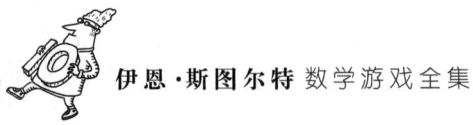

问 题

请证明,用这两种方法得出的角确实是原来的 $\angle AOB$ 的 $\frac{1}{3}$。

事实上,无人能找到上述三大难题的解这件事不能说明什么问题。1796年,高斯(Carl Friedrich Gauss)发现了正十七边形的尺规作图解法,巧妙地避开了他的所有先驱者。类似的方法也可用来作正257边形与正65 537边形。这些多边形的边数十分奇妙吗?为什么它们可以作出来?除此之外,其他的数值行不行?那些数值为什么不行?

说得更明确些:什么是尺规作图的不变量?所有这类作图都可以表示为坐标形式,相当于一系列数值的计算,把有关各点的坐标统统计算出来。作图法的每一步所要引入的新数,都是通过一次或二次代数方程来同已知数联系的(一次方程意味着直线与直线的相交,如果涉及圆,那就得用上二次方程)。这就意味着,(在经过一些努力之后)作图法中任何一点的"次数"——它所能满足的方程的最低次数——必须是2的幂。这是个最简单的不变量,然而用来扼杀上述3个问题,它已经绰绰有余。

倍立方体问题相当于解方程 $x^3-2=0$,它是一个三次方程。由于3不是2的幂,因而它是不可能完成的。

三等分角问题也相当于求解一个三次方程(由三角学知识可导出方程 $\cos 3x = 4\cos^3 x - 3\cos x$),所以它也是不可能完成的。

化圆为方问题相当于求解一个方程,其根为根号π。然而,1882年由林德曼(Ferdinand Lindemann)所证明的一个很难的定理表明,π并不能由任何次数的方程求出。(顺便说一下,$x-\pi=0$ 是不算在内的。方程的系数必须与开头各个点的坐标有关。)

以上便是数学家们所知的明确无误的事情,利用无刻度的直尺与

圆规去解决上述3个问题的任何努力都是在白白浪费时间。如果你还想了解更多的细节,请参阅我写的一本教科书《伽罗瓦理论》(*Galois Theory*)。不幸的是,不可能性证明的存在并不能使人们停止那些徒劳无功之举——其原因也许是人们曲解了数学不可能性的本质。在达德利(Underwood Dudley)所写的一本很有趣的书《三等分角的一组新闻》(*Budget of Trisections*)中记录了许多这一类尝试。

可悲的是,用圆规与直尺来三等分任意角实质上相当于——通过上文所描述的不变量——企图证明3是2的一个整数次幂。难道你真的打算追随历史上那些自称已经证明了那种事情的英雄好汉,步他们的后尘吗?

答　案

（a）利用有刻度的直尺。

如图10.3，连接BX，可知

$$BO=BX=XY$$

$$\angle BOX=\angle BXO=2\angle BYX$$

$$\therefore \angle BOA=\angle DBY=\angle BOX+\angle BYO$$

$$=3\angle BYO=3\angle AOY$$

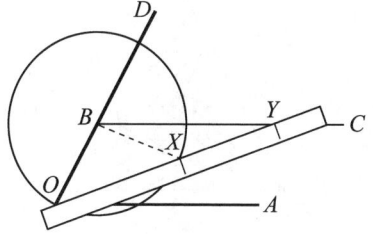

图10.3

(b) 利用战斧图形。

如图10.4，取 PR 中点 T，连接 TO 和 TX，可知

$$TX=TP, \angle TXO=\angle TPO=90°$$

$$\therefore \triangle TXO \cong \triangle TPO$$

$$\angle TOX=\angle TOP$$

又 QP=TP, OP 垂直于 QT

$$\therefore \angle POQ=\angle POT$$

$$\therefore \angle AOB=3\angle POQ$$

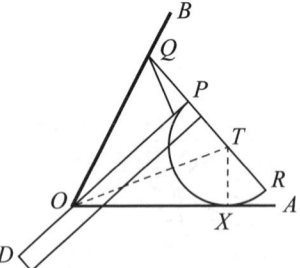

图10.4

第11章
同十二面体跳舞

用数学和教数学都有一大批方法。但有一种办法我以前对它一无所知,直到它的发明者告诉我才恍然大悟。同大多数数学消遣不一样,它是具有社交性质的。实际上,它有时需要10个人来表演舞蹈动作。

绳结与迷宫中的奶牛

在本书第5章中，我们对古老相传的绳圈游戏作了一次新的巡视——它是一个很典型的、能吸引有数学头脑的人的课题，尽管它的数学性质表面看来并不明显。我之所以深信它的确是数学性质的问题，在某种程度上是受到了与读者交流、沟通的影响。部分内容已在该章的反馈信息中有所报道。然而，其中有一封信与别的信件大不相同，它提出的问题完全出乎我的意料，竟然涉及绳圈图形、数学与舞蹈三方面的问题。既然它如此有趣，凭其自身实力，理所当然地成为可以在"数学游戏"专栏里独立发表的一篇文章了。

数学与艺术之间有着不少联系——例如，透视在绘画中的应用，比例出现在音阶中等等。但我所看到的数学与舞蹈之间的唯一联系是一种对英国农村乡土舞的对称分析，它是数年前我的一位同事、巴斯大学数学教授巴德（Chris Budd）研究发现的。信件告诉了我一些与众不同的内容：有意识地利用数学来创作新的舞蹈。这一想法来自谢弗（Karl Schaffer），他是圣克鲁斯市谢弗博士与史特恩先生歌舞团的艺术副指导。他在信中所说到的舞蹈利用了用九圈绳子创作正多面体与一些其他数学图形的方法。

谢弗在信中说,他同金(Scott Kim)对多面体绳圈图形产生兴趣是始于1944年,当时他们创作了一个名为"穿越环圈,寻找完全正方形"的舞蹈表演,在海湾区域的一些八年级学校里演出。它是这个歌舞团在同一时期所创作的5个数学舞蹈秀之一,所有这些演出都用一种令人惊讶但不含恫吓动作的方式将数学概念传播给青年观众。我要在此顺便说一下,金是一个"数学游戏"专栏的长期读者非常熟悉的名字。加德纳曾写过好几篇专文介绍他的发明,那是一种特殊的书法艺术,通过一些巧妙的字母写法,在正读或颠倒阅读时会表现出不同的单词——而且往往是词义截然相反的单词。

演出的进展离不开一位当地的绳圈游戏专家基斯(Greg Keith),他将一些传统的两人绳圈图形舞蹈传授给剧团演员。不过后者很快就发展出了他们自己的一些新的想法,其中包括以多面体为基础的三维绳圈图形。他们在1998年1月召开的第三届加德纳聚会①(以加德纳的名义在美国亚特兰大市召开的大会)上出示了这些研究工作,并进行了部分表演。

作为一个简单的例子,图11.1说明了两位舞蹈演员如何用一个绳圈来产生一个绳索四面体(其中有两条作为棱的绳子长度需要翻倍)。第一位舞蹈演员站在左方,第二位站在右方,绳圈在他们中间穿过,每个人都用右手拉住绳圈的末端,再用左手抓住两股绳,拉开一段距离以便操作。下面两人同时操作,第一位舞蹈演员双手交叉,右手置于左手上面;第二位舞蹈演员则是把她的左、右手分开,不交叉。然后,

---

① 又名世界趣味数学大会。——译者注

两人都把右手向前伸出,直到差点接触为止[见图11.1(a)]。接着,两个人都用右手抓住别人的一股绳子,并继续握住自己那部分的绳索。然后,第一位舞蹈演员打开他抓住绳子双股的右手,拉向他右边的自然位置,从而使绳索看上去像图11.1(b)所示的模样。最后,两位舞蹈演员都举起右手,放低左手,于是结果就成为一个正四面体[见图11.1(c)]。这时,四面体的2条棱是双股绳子,而另外4条棱则是单股绳子。

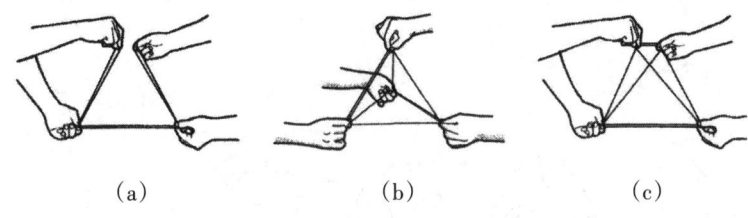

图11.1　两人四面体舞

采用类似的办法可以进一步创作,但需要更多的想象与发挥。图11.2显示出,手持6圈绳索或丝带的6位舞蹈演员,通过怎样的操作来产生一个"立方八面体"的办法,这种多面体拥有6个正方形表面和8个三角形表面。

图11.3则显示出,绳索如何移动(注意不是舞蹈演员们的动作)可以得出一个更为精心设计的序列。舞蹈从一个简单的(很长的)绳圈开始,由3位舞蹈演员执持,形成一个三角形。然后通过一系列熟练操作,先是被摆弄成一个四面体,然后又变为一个八面体(有8个三角形表面的立体)。现在第四位舞蹈演员加入进来了,从而把八面体转变

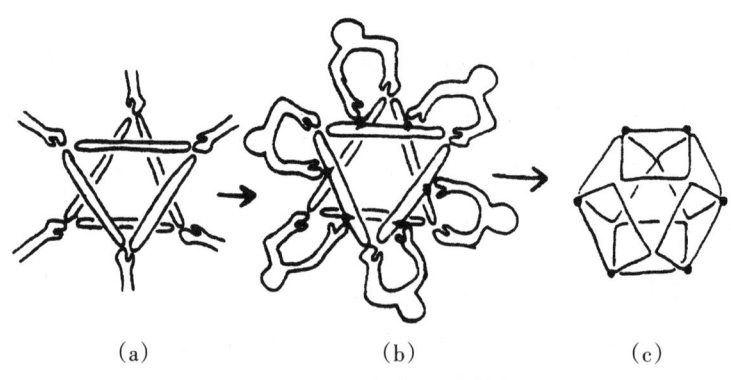

(a) (b) (c)

图11.2 立方八面体舞

(a)3只左手在上面,3只左手在下面;(b)顶上的左手向上移动,底下的左手向下移动;(c)构成立方八面体

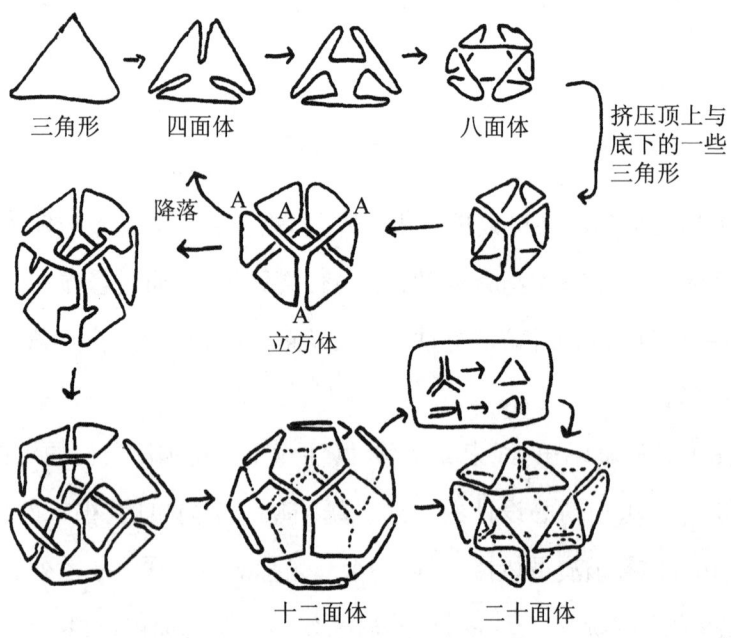

图11.3 用舞蹈表现出所有5种正多面体

成立方体。最后,又有6位舞蹈演员登场,将立方体先是变成一个十二面体(12个表面都是五边形),然后又变为一个二十面体(20个三角形表面)。终于把5种柏拉图立体(四面体、立方体、八面体、十二面体与二十面体)统统显示出来了,无一遗漏。

谢弗说,对于这种变换序列,用绳子比在纸上画图更容易呈现。另外,寻找新的形式与变换必须是一种集体活动,因为需要足够的人手来拉紧绳子。通常情况下,多面体的每个顶点只能由一只手来拉住,这就是有20个顶点的十二面体需要10个人来表演的道理。不过,如何适当安排参加演出的人员,使他们构建的立体图形能被任何一个局外人真正看见,这件事情并不简单,肯定是相当棘手的。

对中、小学校各个年级的学生来说,这种实验非常有趣,它也为三维空间的立体思维开了一个很好的头。就更深的层次而言,也可利用它们来发展严谨的数学概念。譬如说,在清点哪几条边需要翻倍计算时就将涉及图论中的"欧拉圈"问题。让我们先来回顾一下,所谓"图",就是一个由各条边连接起来的结点的集合,而"欧拉圈"则是一个通过每一条边的闭路。在这里,结点是参加演出者的手,而图的"边"则是所要表现的多面体的各条棱——由各段绳子来实际体现。然而,在舞蹈表演时,多面体的一条棱有时需要相应的两股或更多股绳子。那究竟是为什么呢?倘若每条棱只用一股绳子,能实现吗?

一般来说,答案是否定的。为了便于说明,假定只有一圈绳子,则绳子将形成一个闭环,通过多面体的每一条棱。1735年,欧拉曾遇到过这个问题,但它表面上看来是一个趣题,很有名,叫做"柯尼斯堡的桥"。普莱格河流经柯尼斯堡,河中心有两个岛屿。当时,已经造好了7座桥来联系岛与岛以及岛与河岸,如图11.4所示。据说,当地市民曾花费好几年工夫,力图找到一条散步路线,走遍每一座桥,并且只通过一次。欧拉证明:不存在这样的路线。

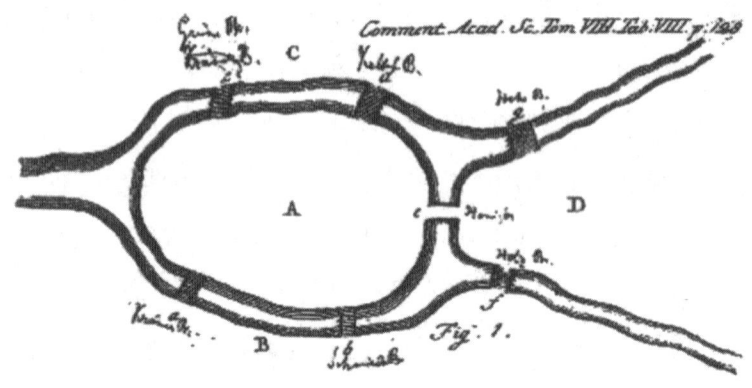

图11.4 欧拉的柯尼斯堡七桥问题

欧拉的证明是象征性的,可解释如下:把4个地块——两座岛屿及河流的两岸看成结点,把7座桥梁看成边,这样一来,就将问题转化为一个"图"或网络。

绳结与迷宫中的奶牛

问　题

请把柯尼斯堡七桥问题画成网络,并给出各个结点处的边数。

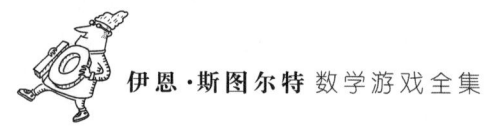

然后,欧拉作了如下推理:如果有一条回路经过图的每条边正好一次,那么在每个结点处必然会有**偶数**条边在此相交。关键的想法是,无论何时,当回路沿着一条边进入一个结点时,它必将沿着另一条边离开这一结点。由此可见,在此结点会合的边数必然是成对出现的——也就是说,肯定是个偶数。对柯尼斯堡的桥来说,上述条件不能满足,因而该谜题无解。

更加意味深长的是,欧拉还证明了逆命题:对任何一个各结点处有偶数条边的连通图(连成一片的图)而言,必然存在着一条通过每条边正好一次的闭路。这里,他的关键想法是从产生某条闭路开始,如果它遗漏了某些边,你可以修正闭路,把某些"弯路"添加进去。偶性条件足以保证,所有的"弯路"都会得到妥善安排,不可能发生与原来的闭路连接不上的情况。继续按此种方式不断添加,直到所有的边都被收进去为止……于是,大功告成了!

这一定理也使舞蹈中出现的长度需要翻倍的边有了令人满意的解释。就拿十二面体为例,它一共有20个结点(即顶点),由30条边连接起来。每个顶点处有3条边(这是一个奇数)在此会合,因而不可能有一条每边只经过一次的回路。然而,如果每条边都翻倍,变成2条,那么在每个尽头处的顶点现在就有4条边在此会合了,而4是个偶数。你能否找到其中的10条边,让每条边都变成2条时,在每个顶点处都有偶数条边?倘若做不到,那么你可以把每条边都翻倍,这就可以使每一顶点处有6条边在此相交。但你是否真的需要那么多的边呢?顺便说一下,图11.3中所示的十二面体并未用上这些办法,这是由于它有三次旋转性质。

　　绳圈舞蹈可以被用来阐明其他数学分支里的种种有趣的性质——例如三维空间几何学以及对称性。不过你的教学要求未必需要如此。尽管如此,这些舞蹈还是非常有趣的。特别是,它在社交宴会上,可以打破沉寂的气氛。

答　案

见图11.5。

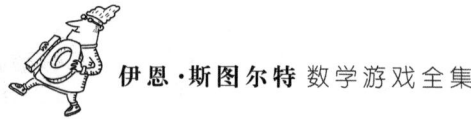

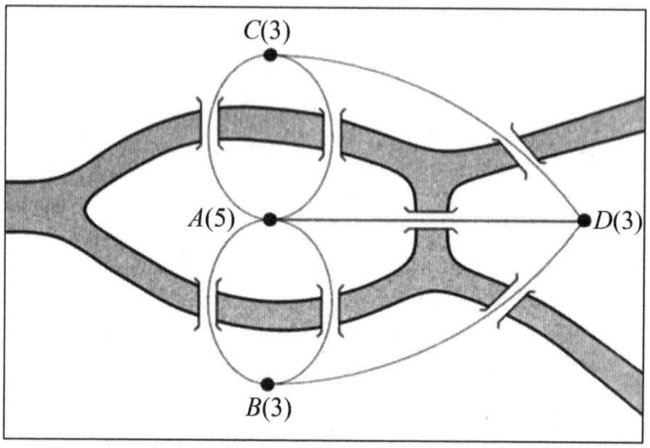

图11.5

进阶读物

第1章

J. Eggers and T.F. Dupont, Drop formation in a one-dimensional approximation of the Navier-Stokes equation, *Journal of Fluid Mechanics* 262 (1994) 205.

D. H. Peregrine, G. Shoker, and A. Symon, The bifurcation of liquid bridges, *Journal of Fluid Mechanics* 212 (1990) 25—39.

X. D. Shi, Michael P. Brenner, and Sidney R. Nagel, A cascade structure in a drop falling from a faucet, *Science* 265 (1994) 219—222.

D'Arcy W. Thompson, *On Growth and Form*, Cambridge University Press, Cambridge 1942.

第2章

R. A. J. Matthews, The interrogator's fallacy, *Bulletin of the Institute of Mathematics and its Applications* 31 (1994) 3—5.

第3章

Robert Abbott, *Supermazes*, Prima Publishing, Rocklin 1997.

Martin Gardner, *The Colossal Book of Mathematics*, W.W. Norton, New York 2001.

Martin Gardner, *More Mathematical Puzzles and Diversions from Scientific American*, Bell, London 1963.

Ian Stewart, A partly true story, *Scientific American* 268 no.2（1993）85—87.

第4章

W. W. Rouse Ball and H. S. M. Coxeter, *Mathematical Recreations and Essays*, Macmillan, London 1939.

Henry Ernest Dudeney, *Amusements in Mathematics*, Dover, New York 1958.

Maurice Kraitchik, *Mathematical Recreations*（2nd edn）, Allen & Unwin, London 1960.

Allen J. Schwenk, Which rectangular chessboards have a knight's tour?. *Mathematics Magazine* 64 no.5（1991）325—332.

第5章

Joseph D'Antoni, Variations on Nauru Island figures, *Bulletin of the International String Figure Association* 1(1994) 27—68.

Caroline Jayne, *String Figures and How to Make Them*, Dover, New York 2003.

James R. Murphy, Using string figures to teach math skills, *Bulletin of the International String Figure Association* 4(1997) 56—74.

Mark A. Sherman, Evolution of the Easter Island string figure repertoire, *Bulletin of the International String Figures Association* 19 (1993) 19—87.

Yukio Shishido, The reconstruction of the remaining unsolved Nauruan string figures, *Bulletin of the International String Figure Association* 3 (1996) 108—130.

Alexei Sossinsky, *Knots*, Harvard University Press, Cambridge MA 2002.

Tom Storer, *Bulletin of the International String Figures Association* special issue 16 (1988) (especially Chapter III on Indian diamonds).

Kurt Vonnegut, *Cat's Cradle* (new edn), Penguin Books, Harmondsworth 1999.

第 6 章

Stephan C. Carlson, *Topology of Surfaces, Knots and Manifolds: A First Undergraduate Course*, Wiley, New York 2001.

John Fauvel, Raymond Flood, and Robin Wilson (eds.), *Möbius and His Band: Mathematics and Astronomy in Nineteenth-Century Germany*, Oxford University Press, Oxford 1993.

第 7 章

Martin Kemp, Callan's canyons: art and science, *Nature* 390 (11 December 1997) 565.

Adrian Webster, Letter to the editor, *Nature* 391 (29 January 1998) 431.

第8章

Colin Adams, *The Knot Book*, W. H. Freeman, New York 1994.

Clifford W. Ashley, *The Ashley Book of Knots*, Faber & Faber, London 1993.

M. Bigon and G. Regazzoni, *The Morrow Guide to Knots*, Morrow, New York 1982.

Roger E. Miles, *Symmetric Bends*, World Scientific, Singapore 1995.

Phil D. Smith, *Knots for Mountaineering* (3rd edn), Citrograph, Redlands 1975.

Alexei Sossinsky, *Knots*, Harvard University Press, Cambridge MA 2002.

第9章

W. S. Andrews, *Magic Squares and Cubes*, Dover, New York 2000.

Kathleen Ollerenshaw, *To Talk of Many Things*, Manchester University Press, Manchester 2004.

Kathleen Ollerenshaw and David S. Brée, *Most-Perfect Pandiagonal Magic Squares: Their Construction and Enumeration*, Institute of Mathematics and Its Applications, Southend-on-Sea 1998.

Frank J. Swetz, *Legacy of the Luosho*, A.K. Peters, Wellesley MA 2008.

第10章

Underwood Dudley, *A Budget of Trisections*, Springer, New York 1987.

Underwood Dudley, *Mathematical Cranks*, Mathematical Association of America, Washington DC 1996.

Underwood Dudley, *The Trisectors*, Mathematical Association of America, Washington DC 1996.

Mario Livio, *The Equation That Couldn't Be Solved*, Souvenir Press, London 2006.

Ian Stewart, *Galois Theory*, CRC Press, Boca Raton 2003.

Ian Stewart, *Why Beauty is Truth*, Basic Books, New York 2007.

第11章

Martin Gardner, *The Colossal Book of Mathematics*, W.W. Norton, New York 2001.

Robin J. Wilson, *Introduction to Graph Theory*, Longman, Harlow 1985.

Cows in the Maze :
And Other Mathematical Explorations
By
Ian Stewart
Copyright © Ian Stewart 2010
The First Edition was originally published in English in 2010
Simplified Chinese edition Copyright © 2025 by
Shanghai Scientific & Technological Education Publishing House Co., Ltd.
This translation is published by arrangement with Oxford University Press
ALL RIGHTS RESERVED
上海科技教育出版社业经 Andrew Nurnberg Associates International Ltd. 协助
取得本书中文简体字版版权